科学可以这样学

北京市科学技术协会
科普创作出版资金资助

# 这才是物理

 《知识就是力量》杂志社　编

U0347734

机械工业出版社
CHINA MACHINE PRESS

本书将带领中小学学生进入玄妙的物理世界:我们喜爱的薯片为什么多为波浪形或马鞍形?在系列电影《哈利·波特》构造的魔法世界里,魔法师打开《预言家日报》,就可以看到会动的图片和自动播报的新闻,在我们的"麻瓜"世界可以获得这样的体验吗?你知道星星是如何打水漂的吗?科学家如何用声音监控来拯救雨林?……这些问题的背后都隐藏着神奇的物理奥秘。

本书通过日常生活中的物理巧知、物理魔法"变变变"、破解物理现象的秘密、刷新你认知的物理存在四章内容给中小学学生呈现物理在我们生活以及科技发展中所起的重要作用。希望阅读本书的中小学学生能够从中了解物理知识、理解物理本质,培养出学习物理的浓厚兴趣!

图书在版编目(CIP)数据

这才是物理 /《知识就是力量》杂志社编. -- 北京:
机械工业出版社,2024. 10. --(科学可以这样学).
ISBN 978-7-111-77082-4

Ⅰ. O4-49
中国国家版本馆 CIP 数据核字第 2024LJ4864 号

机械工业出版社(北京市百万庄大街22号 邮政编码100037)
策划编辑:彭 婕     责任编辑:彭 婕 张晓娟
责任校对:肖 琳 张昕妍     责任印制:李 昂
北京尚唐印刷包装有限公司印刷
2025 年 1 月第 1 版第 1 次印刷
170mm×240mm·10 印张·108 千字
标准书号:ISBN 978-7-111-77082-4
定价:69.00 元

电话服务                 网络服务
客服电话:010-88361066   机 工 官 网:www.cmpbook.com
         010-88379833   机 工 官 博:weibo.com/cmp1952
         010-68326294   金 书 网:www.golden-book.com
**封底无防伪标均为盗版**   机工教育服务网:www.cmpedu.com

# 编委会

主　　任：郭　晶

副 主 任：何郑燕

编　　委：

刘晓莹　史金阳　黄　践　曹文思　徐鹏晖　徐　海

罗秦理　赵　聪　公　明　陈　思　刘　晨　郑　涛

张兴华　龙　浩　钱　磊　郭　亮　曹宜力　邢献然

周晓秋　武帅兵　张德良　杨　剑　马　将　王治钧

叶　盛　沈庆飞

特约审稿：

江　琴　高　琳　胡美岩　李　静

# 序

自然世界以其独特的方式演绎着生命的奇迹，而物理学正是揭示这些奇迹背后奥秘的钥匙之一。物理学，听起来像是一个陌生而遥远的词语，但实际上，它存在于我们生活的每一个角落。从古希腊哲学家对自然世界的思辨，到现代科学家对微观世界的探索，物理学作为揭示自然奥秘的重要学科，始终扮演着不可或缺的角色。现在，物理学的应用已经渗透到我们日常生活的方方面面。从厨房里的微波炉到行驶在高速公路上的电动汽车，从手机发出的电磁波到宇宙中的黑洞，物理学无处不在。很多看似寻常的事物背后，都隐藏着深奥的物理原理与规律。

亲爱的读者朋友，当你翻开这本书时，你已经踏上了一段充满挑战与乐趣的旅程。这本书巧妙地选取了 20 个与日常生活或前沿科技息息相关的主题，以其独特的视角和生动的案例让你感受物理学科的独特魅力，培养你学习物理的浓厚兴趣。

## 在日常生活中发现物理的奥秘

物理并非高高在上的理论，而是与我们的日常生活紧密相连。本书很多主题都是以身边的生活现象为切入点讲述物理知识，体现了物理课程从科学发现到科学探究的演变历程，同时培养学生发挥自身能动性，最终实现由科学探究到物理学科内在建构的生成，展现了一个充满趣味和惊喜的物理世界。我们可以看到甜品或零食中的物理奥秘，例如，为什么双皮奶不能放进微波炉里加热？为什么薯片要做成波浪形或者马鞍形？我们还可以看到声音的神奇力量，解密"狮吼功"背后的物理原理等。这些看似平淡无奇的事物，在作者的笔下却转化成令人惊叹的物理之美。在每一个案例中，作者都通过生动简单的讲解和分析，引导我们思考物理现象背后的原理，了解如何用物理改善我们的生活。

## 在探寻前沿知识的过程中激发求知欲和创新欲

在小学科学和中学物理教学中，优秀的教师除了讲授教科书里的内容外，还会想方设法地充分运用一切素材，适时地渗透现代物理知识，特别是进行现代物理前沿知识的渗透，以拓宽学生的视野，激发学生的求知欲和创新欲，培养学生的创新思维以及不断探求真理的学习品质和能力。本书就是一个很好的前沿知识的素材来源。书中为中小学学生揭示了纳米世界中的"穿墙术"、隐身斗篷里的"超构乾坤"等物理主题。这些看似只存在于科幻小说中的神奇技术，其实已经在我们的生活中逐渐展现出其巨大的潜力。书中还涉及了许多其他有趣的物理现象和原理，如超声波的奥秘、X射线的应用等，这些主题不仅可以拓宽视野，还能让中小学学生对物理产生更加浓厚的兴趣。爱因斯坦曾说过："兴趣是最好的老师。"兴趣能唤起学生探索物理规律的激情。

## 从质疑到主动探寻，培养物理学科的核心素养

这本书还鼓励中小学学生勇于提出问题、敢于质疑，培养批判性的科学思维方式。例如，在"视错觉让魔术更精彩"中，作者描述了几何中一些独特的图形，就是让大脑相信它们的存在，并对传统的"眼见为实"进行了质疑。又例如，在"加速吧——粒子们"中，作者提到"科

学的发展往往是从疑问开始的"，18世纪人们得益于富兰克林的研究，开始了解到雷电也是一种电流，和摩擦产生的电流别无二致。这种科学思维的训练，对于培养创新人才、推动科技进步具有重要意义。书中还巧妙地融合了传统文化中文学和艺术的元素。例如，在"跟着古诗学物理"中，作者选取了多首与物理相关的古诗，通过解读古诗中的物理现象，让学生在欣赏诗歌的同时也能够学习到物理知识。这种跨学科的融合不仅丰富了教科书的内容，更让学生感受到文学和艺术的魅力。

不少学生在学习物理的过程中，会抱怨物理概念抽象且难以理解，本书作者将复杂的物理概念变得易于理解，将枯燥的物理原理变得生动有趣，用平易近人的语言将物理学科的奥秘娓娓道来，让学生在轻松愉快的阅读中收获知识和启迪。例如，在"星星是如何打水漂的"中，作者将儿时的游戏与物理知识挂钩，别出心裁。

在这个信息爆炸的时代，我们需要的不仅仅是知识的积累，更需要科学的思维方式和探索精神。物理学不仅是一门科学，更是一种思维方式和生活态度，它教会我们如何用科学的眼光去看待世界，如何用理性的思维去思考问题，如何用创新的精神去探索未知。

读者朋友，希望你能喜欢这本书，并通过这本书，对这个世界充满好奇，对科学充满热爱，同时抱有一种勇于探索、敢于质疑的科学精神，这样的精神将伴随你一生，成为你追求真理、探索未知的重要动力。

祝愿你在探索物理世界的道路上，收获满满！

北京市海淀区教师进修学校中学教研室主任

物理教研员

崔　琰

# 目录

序

## PART 01 日常生活中的物理巧知

## PART 02 物理魔法"变变变"

# PART 03

## 破解物理现象的秘密

# PART 04

## 刷新你认知的物理存在

# PART 01

# 日常生活中的物理巧知

# 美味甜品中的物理奥秘

撰文 / 刘晓莹

**学科知识：**

**汽化　凝固　沸点　沸腾　熔点**

有些人在心情烦闷时，喜欢吃份甜品来放松心情。当你品尝美味甜品时，是否思考过它们制作过程中的科学原理呢？例如，为什么双皮奶不能放进微波炉里加热？巧克力为什么容易熔化却很难再凝固？棉花糖如何形成非常细的糖丝？下面就让我们从物理学的角度去一探究竟吧。

甜品中也有物理秘密

## "小白甜"窝蛋双皮奶险变"炸弹"

曾有新闻报道"一名女士被窝蛋双皮奶炸伤"的消息，事后，甜品店老板的回应是学徒把窝蛋打在双皮奶上之后放入微波炉加热了3分钟，比平常多加热 1 分钟所致。为什么多加热了 1 分钟就会爆炸呢？要搞明白这个问题，我们就得从双皮奶、窝蛋以及加热工具说起。

双皮奶是由牛奶、蛋清、白砂糖经过混合搅拌、隔水蒸的方式加工而成的表面质地细密、含水量高、香甜润口的胶状固体食物，质地像牛奶果冻，表面还覆盖一层薄薄的奶皮。窝蛋是鸡蛋的一种加工方法，即将没有打散的鸡蛋液直接放入炊具中煮熟或蒸熟。鸡蛋中的蛋黄含有很多水分，而蛋清则大部分都是水，蒸熟的窝蛋因其凝胶的特性而呈固态。窝蛋双皮奶是在隔水蒸双皮奶的阶段加入蛋黄的，即当双皮奶凝固后放入蛋黄，再继续加热几分钟令蛋黄变色凝固即可食用。

窝蛋双皮奶是在隔水蒸双皮奶的
阶段加入蛋黄的

微波炉是用微波加热食品的烹饪电器，其原理是利用食物中的极性分子（如：水分子 $H_2O$）在微波场中吸收微波能量，进而使分子运动和摩擦加剧，宏观上体现为食物温度升高。微波炉常用来热菜、解冻、烘焙等，因其操作简单、加热均匀且快速、温度可调、烹调方式多样、营养流失少而深受人们的喜爱。但是，如果微波炉使用不当，也会发生危险。

为什么窝蛋打在双皮奶上之后，放入微波炉加热会发生爆炸？原来，窝蛋双皮奶在微波炉中加热时，双皮奶和鸡蛋中的水分子将随微

波场而运动，同时相邻分子间也会相互作用，产生了类似摩擦的现象，使水温升高，由此热量传递给其他的分子，使食物的温度升高。这种方式与火炉烧水不一样，不产生对流，因此水可能即使超过了沸点也不沸腾，隐藏的高温很容易被人们忽略。这种情况下，一部分液态水分子会汽化变成气态水分子，还有一部分液态水会产生极不稳定的过热水。双皮奶表面有一层不透气的外衣——奶皮，阻止了汽化的水蒸气向外逃散，以致其内部压力剧增；同时，蛋黄的表面也有一层膜，其内部的温度也会过热，继而造成强大的表面压力，表面看起来平静的

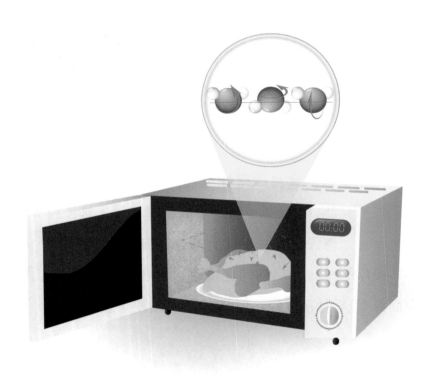

微波炉的原理是食物在微波炉中吸收微波能量，进而使食物中的极性分子运动和摩擦加剧，温度升高

窝蛋双皮奶取出后，一旦受到外界干扰或者温度的变化，窝蛋双皮奶中的高压气体、过热水因剧烈汽化而迅速产生的水蒸气、由于扰动而沸腾的液体，都会在瞬间释放，从而导致爆炸。人们对这种突发情况往往毫无防备，喷溅出来的气体和液体就会烫伤食用者的脸、颈、手等部位。

从前面的分析我们知道，放在微波炉内加热的食物，如果因为加热汽化所引起的内部压力得不到释放，迅速积聚的超高热量就会把食物变成一个隐秘"炸弹"，随时都有爆炸的危险，所以用微波炉加热双皮奶本身就存在安全隐患。因此，出于安全考虑，所有带膜或壳的食物尽量不要放到微波炉中去加热。如果一定要用微波炉加热，那就要剥去壳，并将食物的膜戳破，控制加热时间，这样才比较安全。

## 巧克力在熔化与凝固间变幻

你或许有过这样尴尬的经历：口袋里放着一块巧克力，打算等会儿再吃，却发现它软成了泥。巧克力是一种以可可脂为连续相（主要成分），糖、可可粉、乳制品、表面活性剂等为分散相（其他成分）的复杂多相分散体系。在生活中我们会发现，常温下处于固相（固态）的巧克力在接近体温的温度时会发生熔化，但是液态巧克力在温度降到常温时却不能再次凝固，这是为什么呢？要了解巧克力的熔化和凝固特性，就要从巧克力的主要成分可可脂和制作工艺说起。

可可脂是取自于可可豆的天然油脂，主要成分是甘油三酯，在巧克力中含量可达 30% ~ 40%，有些种类的巧克力中甘油三酯的含量可能

更高。在巧克力固化的过程中液态可可脂结晶形成有规律的晶格，各种分散相被固定在晶格之间，形成口味甜美的固体食物。天然可可脂中的甘油三酯以多类型并存，在不同的结晶条件下有不同的晶型，具有同质多晶特性。**现有的研究多认为可可脂的同质多晶型有6种，不同的晶型具有不同的分子排列，其热力学的稳定性依次递增，任何一种较高熔点的晶型均可以从较低熔点的晶型转化而来。**

| 可可脂的同质多晶型 | 晶型的熔点 [ 单位：摄氏度（℃）] |
| --- | --- |
| Ⅰ型 | 17 |
| Ⅱ型 | 23.3 |
| Ⅲ型 | 25.5 |
| Ⅳ型 | 27.3 |
| Ⅴ型 | 33.8 |
| Ⅵ型 | 36.3 |

　　优质的巧克力中可可脂的晶型为Ⅴ型，具有最佳的硬脆性、口溶性及脱模性，正是可可脂中的Ⅴ型晶体确保了巧克力在室温时是固体，而在口中又很快熔化的独特魅力。如果要保证巧克力结构细腻，外表光亮，又能在常温下长期保持固态，不熔化，那么在巧克力的制作过程中需要进行调温 ( 隔水加热、冷却降温、回温、冷却 )，尽可能消除低

可可豆可提炼出天然植物油——可可脂

熔点的 Ⅰ 、Ⅱ 、Ⅲ型晶体，获得高熔点的Ⅳ、Ⅴ、Ⅵ型晶体，通过控制适当的温度和时间，使巧克力酱料中的可可脂形成尽可能多的 Ⅴ 型晶体。

　　研究表明，可可脂 Ⅴ 型晶体在 21℃时向Ⅵ型转变是十分缓慢的，但随着温度升高，这种转变将加速；当温度高于 30℃时，可可脂向Ⅵ型转变的可能性又会减少。可可脂 Ⅴ 型向Ⅵ型的转变过程中常伴随着霜花的出现，这时巧克力表面便会出现脂霜（白斑），失去原有的光泽。Ⅵ型晶体的可可脂熔点是 36℃左右，不能入口即化，吃起来会有"味同嚼蜡"之感。因为Ⅵ型晶体是最稳定的，所以霜化是不可避免的现象，我们所能做的是尽可能减缓起霜时间的到来。除了恒温（21℃ ±1℃）、通风储藏外，目前普遍认为乳化剂对延缓起霜有重要作用。

在巧克力固化的过程中，液态可可脂结晶形成有规律的晶格

从加工工艺来看，巧克力是将可可脂、可可粉、糖、乳制品和表面活性剂等，经混合精磨、精炼、调温、浇模、冷冻固化成型、脱模等工序加工制得的。成品巧克力是一种固态热敏性甜品，如果放在过热的环境下，巧克力中的可可脂就会熔化，可可脂熔化为液态时，所有的晶体形式都会消失，此时可可脂具有相同的液相。对于一般的化合物而言，开始熔化的温度与凝固的温度是相同的，但是对于具有黏滞性并有同质多晶现象的可可脂来说，开始凝固的温度低于开始熔化的温度。这是一个相变滞后的问题，其滞后的温度与可可脂中甘油三酯的结构、乳化剂、分子之间的相溶性、搅拌速度等都有关系。

喜欢吃巧克力的朋友们除了喜欢巧克力的浓香丝滑外，还很享受巧克力入口时舌尖上凉爽的感觉。这是为什么呢？原来巧克力入口时，从固相变为液相的过程需要从口腔、舌头上吸收热量，所以我们会有一种清凉之感。


## 棉花糖——神奇的分子魔术

棉花糖是孩子们喜爱的甜品，因蓬松轻盈、形似棉花团而得名。它的神奇之处不仅在于其入口即化的口感，还在于我们能亲眼见证一小勺白糖是如何像变魔术一般加工成一大团棉花糖的：一小勺白糖被加热后熔化成糖浆，放入高速旋转的转炉中，糖水从很小的洞口喷射而出变成细细的糖丝，用竹扦子不停地缠绕住喷射出来的糖丝，就会做出疏松多孔、具有一定弹性和韧性的棉花糖了。这个有趣的棉花糖魔术中蕴含着什么样的科学原理呢？

　　棉花糖的制作主要是利用白砂糖的物态变化及离心运动原理，其制作过程有两个关键的步骤：一是白砂糖的加热液化；二是让糖浆在高速旋转的过程中喷出小孔。我们知道物质是由大量的分子组成的，分子之间存在着相互作用力，分子做着无规则的运动，当分子只能在平衡位置振动，不能移动时，物质处于固态；当分子除了在平衡位置振动外，还能平移运动，这时物质处于液态。物质由固态变为液态时会吸收热量，由液态变为固态时会释放热量。常温下白砂糖是颜色洁白、甜味纯正的结晶状颗粒，加热后白砂糖吸收热量，由固态转化为液态；冷却后液态糖浆释放热量，转化为固态。

棉花糖因蓬松轻盈、形似棉花团而得名

白砂糖被加热后熔化成糖浆，放入高速旋转的转炉中，糖水从很小的洞口
喷射而出变成细细的糖丝

　　棉花糖制作机的核心部件就是一个高速旋转的出糖器（包括容糖器和筛网）。将一小勺白砂糖放入容糖器中加热，白砂糖吸收热量，转变为糖浆；之后糖浆随着旋转的出糖器做圆周运动，随着旋转速度越来越快，容糖器里的糖浆会做离心运动紧压出糖器上的筛网；由于惯性，糖浆会从筛网的孔中甩飞出来，由于甩出的糖液与周边的空气有着较大的温度差，被甩出去的热糖液会迅速释放热量，加之筛网的孔径足够细小（30～50微米），所以被甩飞的糖液会瞬间凝结成固态的糖丝，就像一丝丝"棉絮"，这时我们再用竹扦子轻轻地缠绕，就会越缠越大，最后变成雪白蓬松的棉花糖。如果在糖浆中加入色素，棉花糖就是彩色的。当然，还可以在缠绕糖丝的过程中发挥想象力和创造力，缠绕出不同造型的棉花糖。看起来体积庞大的棉花糖里面实际上充满了空气，其原料也不过是一两勺糖，却能让我们用很少的糖量品尝到

很甜的味道。

棉花糖是一种神奇的甜品，在我们品尝棉花糖、好奇棉花糖制作机的工作原理的时候，科学家们却把棉花糖制作机搬进了实验室。美国范德比尔特大学机械工程助理教授莱昂·贝兰发现，在棉花糖制作机离心旋转的过程中，被甩出的糖丝不仅蓬松，而且呈现超细纤维的状态，就像人体的毛细血管。研究人员认为这可能是构建和维持超细纤维网络的关键，可以用来在其他材料中制造通道结构，构建毛细血管系统。贝兰和他的研究团队已经证明，可以使用这个简单的技术来创造一种 3D 微流体网络，使得活细胞能够在体外存活一周。没想到甜品制作的科学原理还能运用在先进的科技领域，聪明好奇的你，细心观察生活，探寻更多科学知识吧。

棉花糖制作机甩出的糖丝蓬松且呈现超细纤维状态

# 小薯片中的大科学

撰文/史金阳

学科知识:

**截面惯性矩　压力　双曲抛物面**

　　1853年，一位美国厨师为了满足口味挑剔的食客，把马铃薯切成薄片，油炸后撒上盐，于是薯片出现了。你爱吃薯片吗？有没有认真"打量"过薯片们？你有没有想过，我们常吃的薯片，为什么要做成波浪形或者马鞍形？这种我们生活中常见的小零食，制作过程中包含了哪些科学原理呢？

薯片中也蕴含着科学知识

## 为了"陪"我们更久

为了使薯片在长途运输中不受潮软化，用蜡密封的桶装薯片应运而生。但是这种包装十分笨重，且无法满足长期保存的需要。

随着化学的普及，人们认识到，使薯片变质的主要物质是氧气。这是由氧原子的核外电子数目决定的，氧原子核外有 8 个携带负电荷的电子。

原子核外电子按照 s 轨道、p 轨道、d 轨道、f 轨道（原子核外面的电子轨道从内到外分别叫作 s、p、d、f）的顺序依次填充。根据能量最低原理，当轨道填充满时，化学性质相对稳定；当轨道不满时，则会倾向于失去或者得到电子，使得最外层轨道填充至满额（8 个）。

氧气分子由 2 个氧原子组成，氧原子最外层只有 6 个电子，所以 2 个氧原子将会共用 2 个电子，以组成共价键的方式达到外层有 8 个电子。但是这种共价键相对脆弱，很容易断开。断开的氧原子会与薯片上的有机物结合，发生化学反应，使其变质。

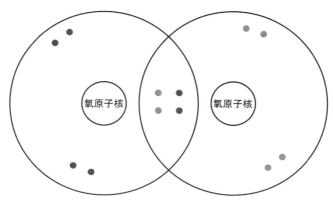

氧原子共价键示意图（供图／史金阳）

为了解决这一问题，薯片生产商选择在包装中充入化学性质相对稳定的氮气，从而避免薯片氧化变质。

## 科学让薯片变得更"壮实"

然而，薄如纸的薯片是非常"脆弱"的，在储存或运输过程中一不小心就可能碎成渣了。能否运用科学手段，使薯片变得"壮实"呢？

波浪形薯片比其他形状的薯片厚，所以它相对更为"坚固"。不过，仅仅是厚还不够。

在材料力学中，常使用"截面惯性矩"这个概念来描述物体抗弯

波浪形薯片（摄影 / 史金阳）

曲的能力。截面惯性矩与物体的表面积大小密切相关。波浪形的结构增大了薯片的表面积，其截面惯性矩也大大提高。因此，波浪形薯片抵抗弯曲折断的能力更强。

而另外一种马鞍形薯片则是借鉴了建筑学中的结构——双曲抛物面。双曲抛物面是一条凸起的抛物线沿着一条凹陷的抛物线移动形成的面。

研究表明，双曲抛物面在受到从上向下的均匀压力时，它的受力沿着凸起的抛物线方向传递，而在凹陷的抛物线方向上受力较小。这就意味着，压力不是集中在某一"点"或者"线"上，而是均匀地分散到整个双曲抛物面上。当每一个部分受力都不超过它能承受的限度时，就能很好地避免因受外力导致的碎裂。马鞍形薯片真是一件完美的力学作品啊！加拿大丰业银行马鞍体育馆、伦敦奥运会自行车馆等建筑，使用的都是酷似马鞍形状的双曲抛物面结构。

马鞍形薯片（摄影 / 史金阳）

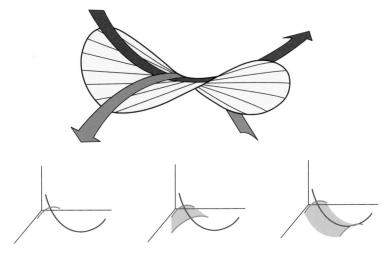

双曲抛物面示意图（绘图 / 飞飞）

　　小小的薯片中渗透着化学、力学、建筑学等众多科学知识。其实，生活中的物品背后蕴含的科技智慧还有很多，只要我们善于观察，一定能发现科学的奇妙之处！

# 速度滑冰场上的"物理课"

撰文/黄 践 曹文思⊖

**学科知识：**

**速度 摩擦力 距离 重心 温度**

速度滑冰，简称速滑，俗称大道，在滑冰运动中历史最为悠久，开展也极为广泛，更是每届冬奥会特别牵动体育爱好者竞技之心的冰雪运动项目之一。速度滑冰最大的技术特点是速度快，那么怎样才能提升滑行速度呢？这里面的门道可不小呢，让我们去速滑竞技场一探究竟吧。

速度滑冰已逐渐成为我国大众所喜爱的冬季运动项目

（摄影/李未名 供图/张莉清）

---

⊖ 本文由北京体育大学张莉清审核。

## 滑冰一点儿都不简单

你有观察过速度滑冰运动员的起滑动作吗？由于冰刀往前滑行很容易，而往左右两边滑行会产生很大的摩擦力，所以起滑时为了推动自己前进，运动员需要将刀尖向外转，用冰刀内刃用力蹬冰，随着速度的加快，出刀角度逐步缩小，渐渐过渡到滑行状态。

别以为在光滑的冰面上滑行是一件简单的事情，由于速度滑冰更强调滑行速度，这让其成为一项极难且极具危险性的竞技运动。为增加运动员踝关节的灵活性，克莱普冰刀应运而生。这种新式冰刀只有前点与冰鞋固定连接，后点与冰鞋并未固定，从而延长了运动员的蹬冰距离，优化了动作结构，帮助运动员提高滑行速度。

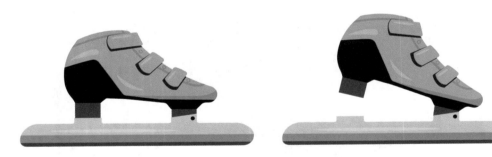

克莱普冰刀只有前点与冰鞋连接，后跟可分离

早期冬奥会上的速度滑冰比赛都设在室外，运动员在竞技的同时还要面临低温和风力等自然因素影响。因此，运动员们在滑行中要尽量将重心降低，减小空气阻力。直到 1987 年，速度滑冰比赛才首次进入室内冰场。室内相对稳定的环境，有利于运动员取得更好的成绩。

## 转弯中的隐藏"大 boss"——离心现象

　　对于速滑运动员来说，弯道滑跑技术与直道同样重要。在弯道滑行时，会出现离心现象，运动员的身体将呈现出向外运动的趋势。速滑运动员需要运用技术动作将重心向转弯方向倾斜，利用身体重力与蹬冰的力量克服离心现象。如果技术动作不到位，运动员就可能与赛道发生偏离，甚至被甩出赛道。由于运动员在弯道中的滑行轨迹不规则，因此滑行过程中需要根据实际情况调整身体姿态。这对运动员的反应能力有着极高的要求。

　　速度滑冰是利用器械，充分运用技能与体能相结合的竞速运动，考验运动员的脑力与体力，通过不断的练习，掌握好自己的动作变换节奏才是制胜法宝。

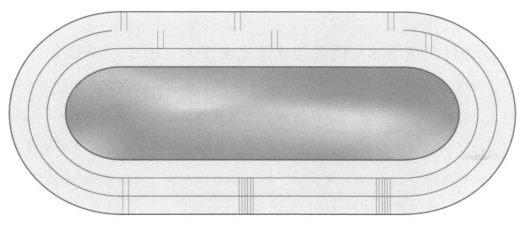

速度滑冰室内冰场赛道示意图

## 为什么冰面总是很滑

不仅是在冰雪运动场地，在日常生活中，我们都会觉得冰面很光滑，走在上面一不小心就有摔倒的可能。这是为什么呢？

当水结冰时，每一个水分子都会通过氢键抓住周围的水分子，形成晶体结构。但冰面表层的水分子无法像冰面内部一样形成规则的晶体结构，而是杂乱无序地游荡在其表面，形成水分子层。这些水分子会在冰面上"跑来跑去"，导致冰面非常光滑。除此之外，冰面上的摩擦也起到了推波助澜的作用。当物品从冰面划过时，因摩擦使冰面融化而产生水，既而使冰面变得更加光滑。

不过，《自然》杂志发表的一项研究提出，**冰面这层光滑的薄膜并不是单纯的水膜，而是冰水混合膜，既表现出来自固态冰的弹性，也表现出来自液态水的黏性。**科学家猜测，这正是冰面之所以那么滑的奥秘所在。

### 知识链接

### 为什么速滑冰场的最佳冰面温度设为 –10.5 ~ –6℃ ？

随着温度变化，冰面表层的水分子层中可移动的水分子数量也会发生变化。伴随着温度升高，可移动的分子越来越多，当温度在 –10.5 ~ –6℃ 时，冰面的摩擦力达到较小范围，表面也变得很光滑。而随着温度继续升高，由于可移动的水分子数过多，冰面会发生变形，光滑度反而会下降。所以，速滑运动员训练的冰场一般将冰面温度设定在 –10.5 ~ –6℃。

# 电动汽车变超大号"充电宝"

撰文 / 徐鹏晖

## 学科知识：

**电能　能量守恒定律　电压　电量　串联　并联**

电能在现代社会的日常生活生产中起着举足轻重的作用，电能的储存和运输也由此成为科学研究中的一个重要议题。电池作为最常见的一种电能储存器件，已经渗透到了我们生活的方方面面，电子产品、电动汽车上都有它的身影。试想一下，如果你家的各种电器可以互相充电，比如电动汽车变身成为一个超大号的"充电宝"，该有多便利！

电动汽车竟能变成充电宝

## 反向充电的妙用

电动汽车在国家大力推动新能源产业的当下已经越来越常见了，充电桩也很常见。电动汽车通过充电桩充电蓄能已经非常方便，但科学研究并未止步于此。新型实验中，电动汽车不仅作为被充电者，还能成为供电者。比如你在咖啡馆里玩手机所消耗的电，说不定就来自窗外电动汽车里的蓄电池。电动汽车将不再只是以交通运输的方式融入社会。

这种"反向充电"的操作之所以能够实现，是因为一种叫V2G（Vehicle-to-grid，车辆到电网）的技术。使用了V2G技术的充电桩，可以和电动汽车实现双向充放电。当电动汽车需要充电时，充电桩从电网将电能输送给车辆；而当车辆的电能闲置不用时，充电桩也可以

V2G 电动汽车充电桩

把车辆中的电能输送给电网。当电动汽车的数量足够多时，V2G 技术就可以做到"削峰填谷"：在用电高峰时从车辆中提取闲置的电能来缓解电网压力；在用电低谷时给车辆充电以减少车辆电价支出。

## 电量够用吗

电动汽车里的电够用吗？一辆电动汽车能有多少电供给电网呢？接下来，我们就来计算一下，如果把电动汽车当成一个超大号的"充电宝"，能给多少台手机充电？

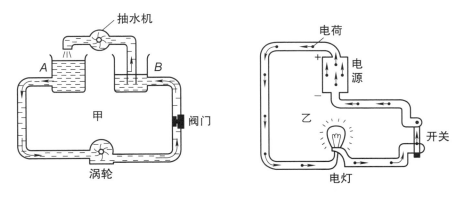

电流在某些方面其实和水流非常类似，电流强度、电压和电池容量可以类比成水流的速度、驱动水流的压力和蓄水池的容积

根据能量守恒定律，如果充电的时候没有发生损耗，那么电动汽车蓄电池里的电能将全部被转移到手机的电池里。所以我们需要先知道电动汽车蓄电池和手机电池的电池容量。

尽管不同厂家生产的电动汽车电池在容量、电压等参数上差别较大，但整体来看，电动汽车电池所储存的能量的数量级一般不少于 15

千瓦时，也就是 15 度电。而手机电池一般采用的是锂离子电池，这种电池使用寿命长、没有记忆效应。手机电池所储存的能量大概在 0.01 千瓦时，也就是 0.01 度电。这样换算下来，一辆电动汽车至少可以给 1500 部手机充电。真的可以做到吗？

其实，以上计算是建立在电动汽车电池里的电量可以 100% 转移到手机电池里的前提下，中途不考虑任何损耗。然而在实际传输过程中，电路电阻的发热会造成一定能量的损失，而且**电池的充放电效率和具体的充放电条件相关，比如电流强度大小、充放电电压、是否过充过放等，不匹配的充放电条件会造成电能储存和释放效率的下降，加大损耗**。这些也许会影响到计算结果的具体数值，但结果的数量级应该还是正确的。我们依然可以说，一辆电动汽车的电大概可以供给数百部手机使用。

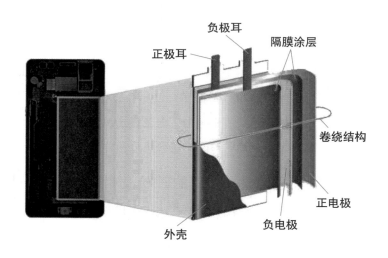

锂离子电池的结构

现代生活中，随处可见各种可移动充电宝，这为电子产品随时充电续航提供了方便。留心观察充电宝的外壳上标有的容量和电压，大家可以参考前面的计算过程，算算你的充电宝能给手机充多少次电。如果电动汽车加入了移动充电宝的行列，又将带来什么变化？

## 知识链接

同样是电池，为何电动汽车电池和手机电池在存储电能方面会有这么大的差别呢？其实这和两种电池的组成和电池结构有关。

对于电动汽车电池，满足大容量需求的最简单做法就是将多节电池串联或并联起来形成一个容量更大的电池组。正所谓人多力量大，这个方法虽然简单粗暴，但是非常有效。另外，电动汽车电池的种类也非常丰富，目前比较典型的有锂离子电池、钠硫电池、氢氧燃料电池等。以前常见的铅酸电池反而不怎么在电动汽车上出现了，因为这种电池一方面比能量低，另一方面容易造成环境污染。

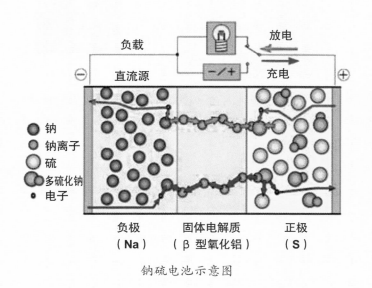

钠硫电池示意图

对于手机电池来说，现在最为常见、使用最为广泛的是锂离子电池，这种电池的优势在于比能量高、循环寿命长、自放电小等。同时科学家们也在研究一种新型的电池，叫作固态电池。固态电池将不再有液态的电解液，取而代之的是固体电解质。这种电池安全性好，比能量也比液态锂电池高。高效能电池的出现，给汽车制造业带来革命，汽车电动化得以全面实现。科学发展日新月异，电池能源材料也在不断优化，我们的生活方式还会迎来哪些变化呢？让我们拭目以待！

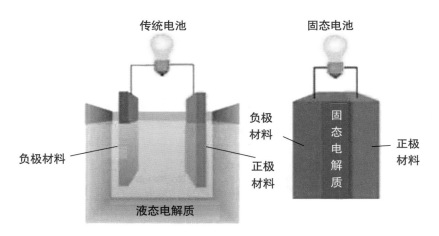

液态锂离子电池与固态锂离子电池的区别示意图

# 让大气层带着我们乘风破浪

撰文/徐 海 罗秦理 赵 聪 公 明

## 学科知识：

### 气流 密度 紫外线 大气压

人类自古向往如鸟儿一样在空中翱翔，所以发明了很多的"飞行工具"，各种高空运动也应运而生，滑翔伞运动就是其中之一。这项运动可不是任何人都能挑战的，它需要参与者受过专业训练，并取得相关的资格证书。即便如此，也有越来越多的年轻人投入到了这项刺激的运动中。滑翔伞运动为何如此有魅力？看不见摸不着的大气层是如何助力他们"飞翔"的？

大气层

## 滑翔伞如何在高空越野飞行

气流是气象学的专业术语，尤指空气的垂直运动。空气流动的原因是受热不均匀所产生的温差：热空气轻而上升，冷空气来补充，形成对流。比如在生产场所中，空气受车间内热源的加热而体积膨胀、密度变小，将由上部出气口排至室外；外面的冷空气由侧窗或门进入室内，形成气流。气流的流动（风）速度以"米／秒"表示。

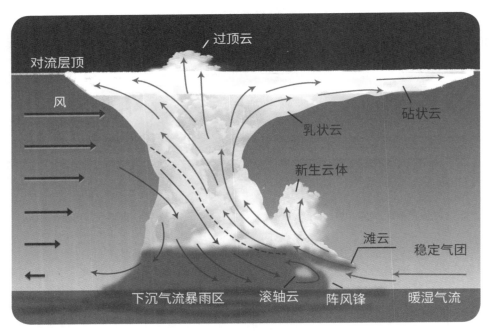

气流形成示意图

简单地说，向上运动的空气叫作上升气流，向下运动的空气叫作下降气流。上升气流又分为动力气流、热力气流、山岳波等多种类型。

滑翔伞利用动力气流和热力气流来完成滞空、盘升和长距离越野飞行

## 让地球套上"秋裤"的大气层

地球大气层又称大气圈，是因重力关系而围绕着地球的一层混合气体，也是地球最外部的气体圈层，包围着海洋和陆地。地球大气的主要成分为氮气、氧气，还有少量的二氧化碳、稀有气体（氦气、氖气、氩气、氪气、氙气、氡气）和水蒸气，这些混合气体被称为空气。

大气层的空气密度随高度而减小，高度越高，空气越稀薄。大气层的厚度大约在 1000 千米以上，但没有明显的界线。在离地表 2000 ~ 16000 千米高空仍有稀薄的气体和基本粒子，而在地下、土壤和某些岩石中也会有少量气体，它们也可被认为是大气圈的组成部分。

大气层为地表的生命以及地球本身的稳定提供了巨大的保护作用。宇宙中蔓延着强烈的太阳辐射以及太阳风，对于地球来说，有了大气层的保护，强烈的太阳辐射以及太阳风被隔离在外，保持了地球本身环境的稳定。太阳光线中的紫外线对于生命的杀伤力也是非常大的，而大气层中的臭氧层则将这一危险元素通通隔离，为生命的安全发展做出了不可磨灭的贡献。另外，大气层的存在也让地球如同套上了贴身舒适的"秋裤"，能够让地表的温度变得更加稳定，而且更适宜生命生存。

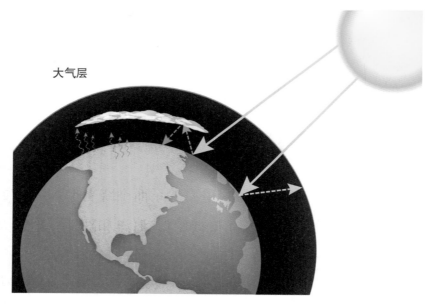

大气层的存在让地球如同套上了贴身舒适的"秋裤"

## 何为地球的外层空间

我们目前谈及的外层空间，严格来说有双重含义。首先是科学意义上的外层空间，指的是地球大气层之外的整个空间，现代地球物理学将地球上空的大气层分为 5 层：对流层、平流层、中间层、热层、散逸层。科学概念中的外层空间便是从大气层的外部边缘开始，进而包括整个宇宙。

由于空气空间和外层空间的过渡是一个十分缓慢的过程，稠密的大气层在宇宙空间中是逐渐被稀释的，在上万千米的高空中空气依然存在，甚至在几十万千米的高度中仍有大气粒子，所以现代科学无法给空气空间的结束和外层空间的开始做出一道明显的分界标志。

航空客机在平流层飞行

在地球之外的太阳系中，也会存在大气层的身影。水星因为本身的引力不够强大，加上高温的影响，以及太阳风的吹拂，原始的大气在短时间内就消失殆尽。尽管如此，研究显示，水星表面还是被一层稀薄的大气包围着，成分有氢、氦、氧、钠、钙和钾，综合的大气压力为 10～15 帕（实际上是微不足道的）。

金星的大气层比地球的大气层更为厚重与浓密，表面温度为 467℃，而气压则为 97 帕，主要由二氧化碳构成。

火星的大气层相对较薄，其中含有 95% 的二氧化碳、3% 的氮气、1.6% 的氩气，以及少量的氧气、水汽和甲烷。因为火星的大气层中充满很多尘埃，使得火星地表看起来是黄褐色的。

木星的大气层是太阳系内最大的行星大气层，主要由与太阳的大气层比例大致相同的氢分子和氦分子构成，还包括其他化学成分，如甲烷、氨、硫化氢等。

木星大气层 3D 渲染示意图

土星的大气层的主要成分是氢，此外还有少量的氦和甲烷。

天王星的大气层虽然还是以氢和氦为主要成分，但不同于木星和土星的是，天王星上层的大气层没有金属氢。取而代之的是在其内部拥有由氨、水和甲烷组成的挥发性物质（类似于"冰"），这些物质逐渐转换成以氢和氦为主的大气层，并与之混合在一起。

海王星的大气层以氢和氦为主，还有微量的甲烷。而甲烷是使海王星呈现蓝色的一部分原因。

## 感受大气压的力量

有没有更直观的方式或者方法来感受大气压的力量呢？一起来实验室里见分晓吧！

这个效果非常有趣、形象。只需要准备一个剥完壳的熟鸡蛋、一壶沸水和一个瓶口略小于熟鸡蛋的玻璃瓶即可。先把沸水缓缓倒入玻璃瓶中，注意不用倒得太满。然后小心地用手捏住玻璃瓶的瓶口，慢慢摇晃玻璃瓶，再倒出其中的沸水。此时千万要注意安全，谨防烫伤。最后迅速把剥完壳的熟鸡蛋放置在细口玻璃瓶的瓶口上，你就能非常明显地观察到熟鸡蛋一点一点被玻璃瓶"吸入"的过程。

原来这是大气压在作祟。当沸水倒入玻璃瓶时，瓶中的沸水会产生大量的水蒸气，源源不断的水蒸气会把瓶中原本的空气"赶出"瓶子。在倒掉沸水放上熟鸡蛋后，鸡蛋会和瓶口严密地贴合在一起。在瓶子慢慢冷却的过程中，瓶中的水蒸气会不断凝结成水，这样瓶子内

外就出现了气压差。于是，瓶子内的大气压力就把熟鸡蛋缓缓地"吸入"瓶中。

材料准备（鸡蛋待剥壳）

把沸水倒入瓶中，捏住瓶口慢慢摇晃并倒出热水

迅速把剥完壳的熟鸡蛋放置在细口玻璃瓶的瓶口上

鸡蛋被吸入瓶中

知识链接

## 为何坐飞机容易出现耳鸣、头痛等现象？

你是否有过这样的经历？当飞机下降时，耳朵突然不适、耳鸣。这是由于飞机起降时形成的气压变化对内耳造成损伤，这种损伤称为气压损伤。当飞机凌空而上时，大气压逐渐降低，中耳鼓室处于相对的高压状态，若鼓室内外的气压差达15毫米汞柱，大约相当于飞机在152米高度时，鼓室内的气体即可冲开咽鼓管外逸，使鼓室内外的气压重新获得平衡。以后每当鼓室内外的压力差达到11.4毫米汞柱时，咽鼓管就开放一次。

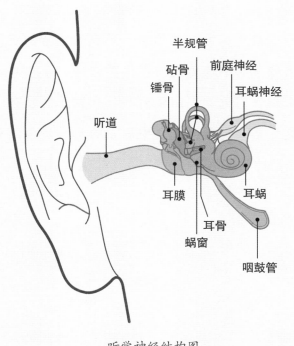

听觉神经结构图

　　而当飞机急剧下降时，由于气压变化过大，咽鼓管咽口突然受到压迫不能自动开放，外界的空气就不能通过咽鼓管进入中耳，从而使鼓室内形成负压。当鼓室内与外界的压力差达到 15～30 毫米汞柱时，就会发生中耳黏膜充血、鼓膜内陷等变化，这种变化对内耳与中耳之间的连接处——前庭窗和蜗窗也有很强的刺激作用，有可能使内耳出现渗液、出血和膜迷路积水而导致内耳的功能障碍，从而出现耳痛、耳鸣。气压损伤大多发生在飞机降落过程中，尤其是在 4000～10000 米内下降时。

　　大气层是地球最外部的气体圈层，是我们生活的空间，是一个充满科学奥秘的区域。它不仅为我们提供了空气、水分等人类生存所必需的条件，还保护我们免受太阳辐射和外来物质的侵袭。我们要加强对大气层的研究，不断揭开大气层中更多的科学奥秘，为人类可持续发展提供更好的支持和保障。

# PART 02
# 物理魔法"变变变"

# 纳米世界中的"穿墙术"

文图/陈 思

## 学科知识：

**纳米　量子隧穿效应　重力势能　电流**

　　美国著名魔术师大卫·科波菲尔曾在北京表演了现代"穿墙术"——穿越万里长城，这个表演可谓中外魔术史上的一项壮举。那么在现实中，普通人可以实现穿墙吗？随着量子物理学的发展，能否为人类铺就一条从幻想走向现实的道路，使穿墙术成为可能呢？

## "江湖高手"的穿墙神功

　　如果现在有人对你说："我会穿墙术！"你一定觉得他在开玩笑。但是，在微观世界里，借助于量子隧穿效应，"穿墙而过"就能够实现了。

请赐予我力量吧，
我要穿过去！

借助于量子隧穿效应可实现穿墙术

那么，什么是量子隧穿效应呢？举个例子，你的面前有一堵墙，当你想要去看看墙外的风景，通常怎么办呢？翻过去！那么你翻过去所需要的能量，必须大于墙最高点处的重力势能，这样才能保证你不会中途摔下来。

现实世界里要翻越一堵墙，所需的能量必须大于墙最高点处的重力势能

　　但是，到了微观世界，如果这面墙的厚度薄到 1 纳米，而你变成一个电子的大小，你就有机会"穿墙而过"，就像是从一条隧道中穿越过去一样，这就是量子隧穿效应。这面墙被称为能量势垒。也就是说，如果微观粒子遇到一个能量势垒，即使粒子的能量小于势垒高度，它也有一定的概率穿越势垒。

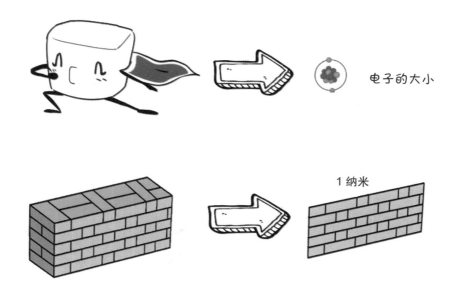

电子的大小

1 纳米

微观世界里，如果墙的厚度薄到 1 纳米，而你变成电子的大小，你就可能穿墙而过

不过，值得注意的是，"穿墙"的概率和墙的厚度有着非常敏感的关系，墙的厚度增加时，"穿墙术"成功的可能性从最大值 1 衰减至最小值 0，但不是简单地按照固定比例减少。

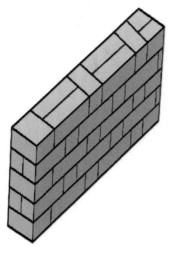

墙变厚了，穿不过去！
头被撞了一个大包。

墙越厚，穿墙术越不灵

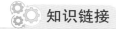 知识链接

## 我会"穿墙术"——中微子

中微子是组成自然界的基本粒子之一。宇宙大爆炸产生了大量的中微子，太阳和核电站也会产生中微子。

中微子是名副其实的"幽灵粒子"，它能够悄无声息地穿过人体和墙壁。每时每刻都有超过1000亿个中微子穿过地球上的每平方厘米的面积，包括此刻你的身体，但你毫无知觉，"幽灵粒子"是真正的如入无人之境。

伽马射线可以穿透20厘米厚的铅板，但与中微子的穿透力相比，就是小巫见大巫了。中微子具有极强的穿透力，高能中微子几乎可以穿梭整个宇宙。科学家设想利用中微子的这种特点，来做地球断层扫描，让埋藏在地球深处的奥秘一览无遗；还设想让中微子穿透地球传送信息，这样长距离通信就可以不用经过卫星和地面站兜圈子了，速度更快、效率更高。

我会穿墙术

中微子具有极强的穿透力

## 探索纳米世界的扫描隧道显微镜

随着科学技术的发展，量子隧穿效应不仅仅用于解释物理现象，它的应用已经渗透到科学的各个领域，乃至我们的日常生活之中，并以此为基础诞生了形形色色的隧穿器件和仪器装置。扫描隧道显微镜就是一个典型的例子。

扫描隧道显微镜可以帮助我们了解材料的微观形貌，对于物质结构与性质的探查具有重要意义。

扫描隧道显微镜里的原子探针极细，其针尖位置往往只有一粒原子。和普通的显微镜不一样，它并不能直接"看"到物体，而是通过上面的探针一点点地把物体的轮廓"摸"出来。而且这个"摸"也不是真的去摸。其实原子探针在工作时并不接触被扫描的样品，而是从样品头顶轻轻地掠过，通过针尖与样品之间的隧穿电流来探测样品表面的信息。

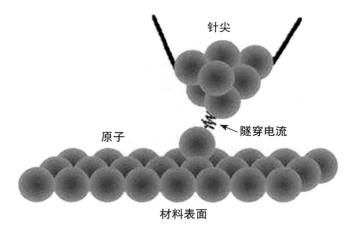

扫描隧道显微镜工作原理示意图

这是如何实现的呢？其实，针尖与样品之间存在一个绝缘的真空层，由于隧穿的概率与"墙"的厚度有着非常敏感的关系，所以，当我们检测出隧穿电流时，就等于知道了探针尖端和样品表面之间的距离。如果我们保持这个距离不变，探针在扫描过程中就会随着样品表面的起伏而起伏。这样我们就可以根据针尖在每个位置上的高度，描绘出样品的形貌，实现成像了。这样高超的扫描技能，相信没有什么细节能逃过"法眼"！

　　扫描隧道显微镜不但可以用来观察材料表面的原子排列，而且能用来移动原子：用针尖吸住一个孤立原子，然后把它放到另一个位置。这就迈出了人类用单个原子这样的"砖块"来建造物质"大厦"的第一步。相信随着技术的不断发展，扫描隧道显微镜将有更广阔的应用前景。

# 随心变色的"魔术染料"

撰文/刘　晨

**学科知识：**

**介质　反射　波长　能量**

在魔术表演中，魔术师左右手各执一张黑色梅花扑克牌，两张牌轻轻一碰，魔术师吹一口"仙气"，原本的梅花图案瞬间变成了红桃图案。

魔术中扑克牌的颜色变化多端，这只是利用手法技巧产生不同的幻象罢了。现实中，能随心变色的生物并不多见，如变色龙。但是，随着"魔术染料"的出现，手机壳、鞋子、车都可以变换颜色和图案。接下来，就让我们一起认识一下这奇妙的"魔术染料"。

奇妙的"魔术染料"

## 科学界的光影魔术高手

美国麻省理工学院计算机科学与人工智能实验室的研究人员模仿变色龙的变色能力，开发出一种可重复使用、完全可逆的"魔术染料"。作为一种混合型光致变色染料，它是用漆料分别与品红、黄色和青色三种光致变色颜料等比例混合而成的，喷涂到物体上，能够让物体在紫外线和可见光的照射下改变颜色。

为什么会产生这么神奇的效果呢？我们知道，物体之所以显示出不同的颜色，是由于光与物质相互作用之后，光线与视网膜中的视细胞作用效果不同，与光的强弱无关。而一切介质对光均具有吸收、反射、透射三种特性。吸收分为一般吸收和选择吸收。顾名思义，一般

介质对光的三种特性

吸收指的是在一定波长范围内，物质对各种波长的光进行等能量吸收；而选择吸收是指物质对某种波长的光吸收显著，具有选择性。**选择吸收是物体呈现颜色的主要原因。**

不仅单色光能产生颜色，几种单色光的混合光也可以产生颜色，如黄色光和蓝色光两种单色光混合可以产生绿色光。这种混合而成的绿色光与单色绿光，人眼是感觉不出有什么区别的。

我们所知的染料颜色混合都是减法混色。**"魔术染料"使用三种具有不同波长的三原色光来分别消除每种原色，从而形成各种颜色的光。**

## 有光就能变变变

"魔术染料"具有基于染料的光致变色特性，比如化合物 A 在受到特定波长的光照射时，发生物理化学反应生成化合物 B，其吸收光谱发生变化；在另一波长的光照射下，化合物 B 又恢复到化合物 A。

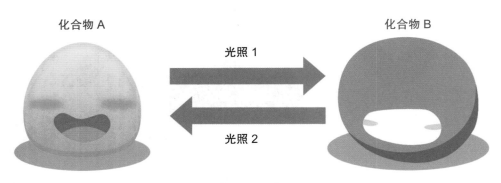

化合物 A　　光照 1　　光照 2　　化合物 B

光致变色原理示意图

早在 1867 年，科学家就发现，黄色的并四苯材料在空气和光线的作用下会褪色，而受热之后会重新变回黄色；1952 年，科学家又发现了一类叫螺吡喃的化合物，它在光线的照射下能够发生可逆的颜色改变。近年来，我国科学家也合成了 100 多种有机光致变色材料。我国试制的光致变色染料腈纶线，编织成衣料后能随光源变化转换色彩。此外，日本研究了一种光致变色染料，能使合成纤维织物"染"上周围景物的颜色，把人的服装"融"入自然景色中。

## 一天一变样，一天一外观

魔术般的光致变色染料在日常生活中和国防军事上都能发挥重要作用。

在日常生活中，不论是手机外壳、鞋子、玩具等小型生活用品的颜色定制，还是汽车、飞机等大型设备的表面装饰，"魔术染料"都可以满足。

变色前的手机壳　　　　　　　　　　使用"魔术染料"变色后的手机壳

变色前后的手机壳

## 什么是减法混色？

在减法混色中，品红色、黄色、青色是三原色。当把两个或两个以上的有色物体叠加在一起时，会产生和各个有色物体不同的颜色。例如青色和品红色混合后会产生蓝色，青色和黄色混合后会产生绿色，品红色和黄色混合后会产生红色。有色物体在光线的照射下，从光线中减去被有色物体所吸收的部分，就是剩余部分光线混合的结果。比如，当外界照射的光被黄色染料吸收并失效时，品红色和青色会被保留下来，从而产生蓝色。

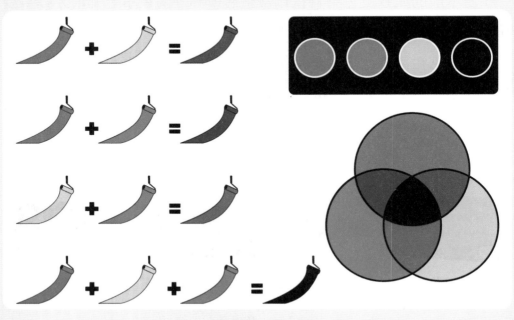

品红色、黄色和青色三种颜料混合

在国防军事上，可以将军舰、坦克等武器装备用光致变色染料加以涂敷，其表面在光照下会产生变色，使其与周围的环境匹配，从而融入环境中，让卫星等侦察手段不易发现它们的真面目，达到掩护的目的。

　　随着科学技术的进步，相信在不久的将来，光致变色染料会走入千家万户，并影响人们的日常生活。也许有一天，一辆边行驶边变色的汽车会与你擦身而过；我们穿着含光致变色染料的服装走进森林探险，也可以像许多善于伪装的动物一样隐藏起来。

# 视错觉让魔术更精彩

撰文/郑 涛

**学科知识：**

**反射定律  虚像  平面镜成像  折射**

　　魔术表演会给人一种如梦似幻的感觉，而视错觉在魔术中的应用令魔术变得更加精彩，我们有时甚至不敢相信自己的眼睛，魔术师是如何将视错觉运用在魔术设计当中的呢？

　　让我们一起走进视错觉营造的奇幻魔术世界吧！

## 迷惑视觉的镜子魔术

　　魔术道具中时常会用到镜子，镜子有多种分类，比如平面镜、曲面镜、多面镜等。平时大家使用的多是平面镜，它主要遵循光的反射定律，镜中的像是由光反射光线的延长线的交点形成的，所以平面镜中的像是虚像。虚像与物体等大且距离相等。由于像和物体的大小相等，所以像和物体对镜面来说是对称的、左右相反的。

　　根据平面镜成像的特点可知，像和物的大小总是相等的，无论物体与平面镜的距离如何变化，像是不会变的。理论上来说，平面镜是不会骗人的，最起码它呈现出稳定的虚像。所以，人们"照镜子"多用平面镜，用它来观察自己，整理仪容仪表。

　　不过，也许你会发现，在照镜子时，总会有"近大远小"的感觉。

平面镜成像是不变的，近大远小的感觉应该和我们的视觉形成有关。看来骗人的不是镜子，可能是你的眼睛。

当然也有会骗人的镜子，比如你去商场，买衣服试穿时，在试衣间的镜子里看到的自己又美又瘦，但回家以后发现，好像效果没有那么好。这是因为试衣间的镜子不是平面镜，而是略有凹凸的曲面镜。它利用光的折射原理，并使用水银镀膜做了特殊处理，使得镜子透光性较强，人照起来更明亮且轮廓分明，也显得苗条。同时镜子会有略微倾斜，让人在镜子中显得更加修长。

魔术中的镜子，其实就是普通的平面镜。但大家仔细对比几个魔术的观察角度，会发现它们有一个共同的特点，那就是观察者或拍摄者采用的都是 45°角拍摄，而非平行拍摄。因为在 45°角拍摄景物时，有利于呈现出景物的立体感和空间感。并且镜子魔术中的图像和实物是左右相反的，又因为从特定角度观察，最终呈现出了特殊的状态。

有的镜子会骗人

利用视错觉可以表演精彩的魔术

## 视错觉之谜

物体图形是由点、线、面的几何图形加上色彩等要素构成。通过眼睛、大脑的加工，往往会产生视错觉。视错觉有很多种类，比如几何错觉、色彩错觉、运动错觉等。在镜子魔术的设计中，几何错觉被运用得非常广泛。

几何错觉是指在几何图形中，构成图形的元素彼此影响，从而使观察到的图像与事实不符合的现象，比如线段、面积等都会产生错觉。一些参照物还会使原有几何图形发生变形，比如 3D 楼梯魔术就因为几何错觉，在二维平面由线段和角度构建出三维立体楼梯的空间感觉。

### 线段长短错觉

线段由于位置、方向、参照物的影响，使得人眼对于线段长短产生错误判断。

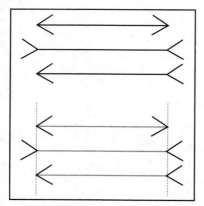

缪勒-莱尔错觉，中心线段都是等长的，但由于箭头方向影响，使得人眼通常会觉得中心线段长短不同。且视觉误差的大小与箭头大小和箭头夹角有关

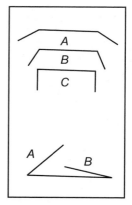

缪勒-莱尔错觉，图中上面的 A、B、C 三条线长度是一样的；下面的 A、B 两条斜线长度也是相同的，只因为角度的不同，使得它们的长度看起来不同

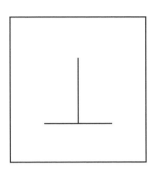

菲克错觉，两个线段是等长的，但是垂直方向的比水平方向的看起来要长。所以我们躺下的时候看起来要比站起来的时候矮

## 面积错觉

由于光线明暗、方向、位置、参照物等因素，往往会使面积相等的物体看起来有大小不相同的错觉。

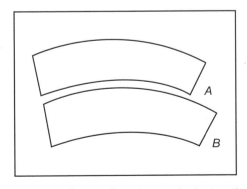

贾斯特罗错觉，图形 A 和图形 B 是等面积的，而在人们眼中会形成 A 面积小、B 面积大的错觉

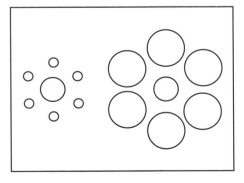

艾宾浩斯错觉，两图中间的圆，大小是相等的。但是由于参照物不同，显得左侧中间的圆大、右侧中间的圆小

变形错觉

物体边缘由于受到外来方向的线形干扰，而产生使自身变形的错觉。

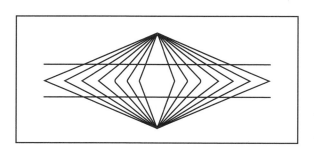

冯特错觉，两条原本平行的线条被一组菱形分割后，两条平行线看上去不再平行，似乎向内弯曲了

除此之外还有很多错觉类型。当艺术家将这些错觉手段综合运用的时候，就能产生平面设计中的不可能图形。不可能图形是二维图形，是在现实世界中不可能客观存在的事物。这种图形只在二维世界存在，比较著名的有不可能立方体、彭罗斯三角形、彭罗斯阶梯等。

不可能立方体

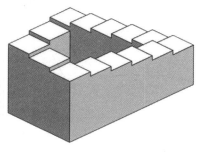

彭罗斯阶梯

彭罗斯三角形

这些经典的不可能图形，都是由于人们在观察物体时，经验或者对参照物形成的错误判断和感知受到心理的影响，影像在人脑中进行了加工形成的视错觉。所以，眼睛看到的，不一定是真实存在的，更可能是大脑相信它是存在的。所谓"眼见为实"在这里受到了质疑。

## 魔术师的视觉巧思

镜子魔术就是典型的对视错觉原理的综合应用。一个好的镜子魔术作品的设计者，一定是优秀的视错觉大师。因为只有利用视错觉原理加上奇思妙想的设计，才能呈现出一个个优秀的奇幻的镜子魔术。

很多艺术家和设计师将二维平面的不可能图形和三维空间视错觉综合在一起，设计出 3D 不可能图形。其中经典的就是日本数学家和视错觉艺术家杉原厚吉创造的 3D 施罗德阶梯。它看起来是一个阶梯，旋转 180° 后还是原样。在镜子中会呈现出一个上楼一个下楼的效果。但这种楼梯在真实世界里是不存在的，侧面看就会发现它其实是一个平面，只有视觉在特定角度时才会产生奇幻的效果。

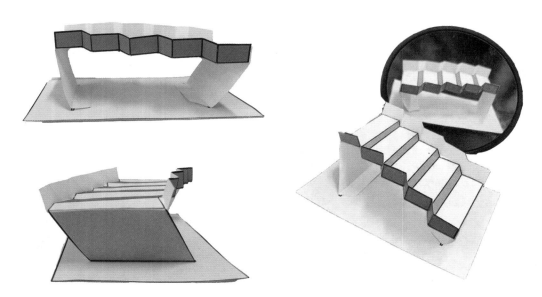

从平行视角可以看到 3D 施罗德阶梯中的"楼梯"是一个二维平面图。但从俯视视角看，会有 3D 楼梯的感觉，将模型旋转 180° 后，看到的楼梯还是一样的

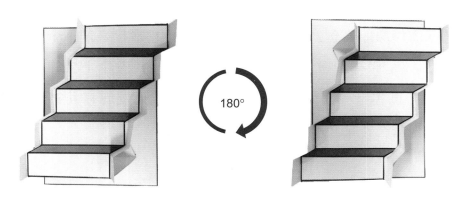

3D 施罗德阶梯的变式，旋转 180° 后和原图是一样的。在平面镜中，根据成像原理，正好可以在镜子中呈现出相反的楼梯

在大脑成像过程中，会根据经验将二维图像的轮廓、透视、阴影等信息加工在一起，构建出三维的图像。再利用拍摄的45°角，这样综合运用光影角度，从视觉中，我们就看到了立体的楼梯。并且在镜子中呈现出具有玄幻色彩的魔术效果的反向楼梯。这完全是违背我们常识的，也是违背自然界物体规律的。这正是这场视觉魔术的奇幻之处。

# 隐身斗篷里的"超构乾坤"

撰文 / 张兴华

**学科知识：**

**电磁波　红外线　紫外线　超构材料**

在英国著名科幻小说《哈利·波特》中，主人公哈利·波特在霍格沃茨魔法学校度过第一个圣诞节时，收到校长送给他的一件斗篷。这件看似普通的斗篷，一旦穿在身上就会让人如同空气一般透明，可以大摇大摆地登堂入室而不被发觉。如今，随着超构材料的发明，隐身斗篷逐渐成为现实。

神奇的隐身斗篷

## 我们是如何看到物体的

要想知道隐身斗篷是如何隐身的，就要先了解人们是如何看到物体的。

光是在空中传播的一种电磁波。不同颜色的光对应不同波长的电磁波，人眼能够看到的电磁波称为可见光，也就是波长范围很窄的一段电磁波。电磁波还包括其他波长不同的不可见光线，包括微波、红外线、紫外线、X 射线和 γ 射线。

我们能看到物体主要是因为光在物体的表面发生反射，人眼看到了反射光线，从而意识到这里有一个物体。

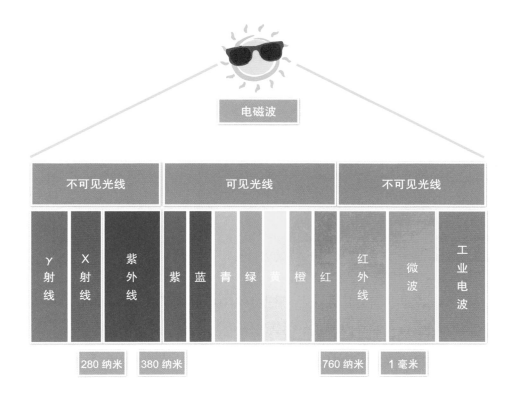

因此，如果能够调控物体的反射光，使得观察者不能接收到反射光，那么对于观察者而言，这个物体就是隐身的。在很多场景下，人们是从固定的角度来观察物体，**当物体的反射光与环境有很大差别的时候，人们能够通过反射光判断物体的形状和大小；当降低物体反射光与环境的反射光之间的差别，该物体就能实现隐身。**

例如，光线照在鱼身上后，会产生反射，这些反射波传到我们的眼睛，就形成了我们所看见的小鱼的模样。既然如此，如果我们能控制光线从小鱼身边绕过去，那么就不会产生光的反射，小鱼也就会"看起来"消失不见！

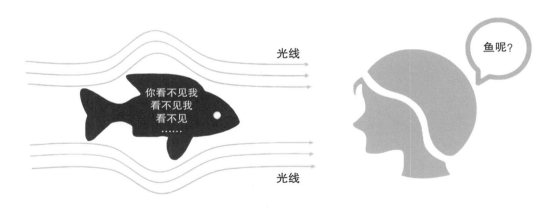

## 超构材料如何实现隐身魔法

在过去，研究者用摄像机加上显示屏来制造隐身斗篷，但它只能对某个方向隐身，而且需要耗费许多能量，导致实用性低。

超构材料的发明使得隐身斗篷得以实现。当我们把介质里很微小的人工结构进行有序排列后，就可以改变介质的宏观性质。这些经过人工排序的微结构组成的介质，就叫作超构材料。

那么，超构材料是如何实现隐身的呢？办法是在材料表面制备纳米尺度的金属天线。在有光照时，光能与金属的表面电磁波发生共振，这些耦合的表面电磁波和电荷的振荡也被称为表面等离激元。这种振荡会造成入射光相位的急剧跳变，不同尺寸的天线实现对应不同相位的跳变。因此，通过设计不同形状的天线在空中的排布（即需要被隐身的区域的形状），可以改变光线的路径，阻止光发生反射，从而达到隐身效果。

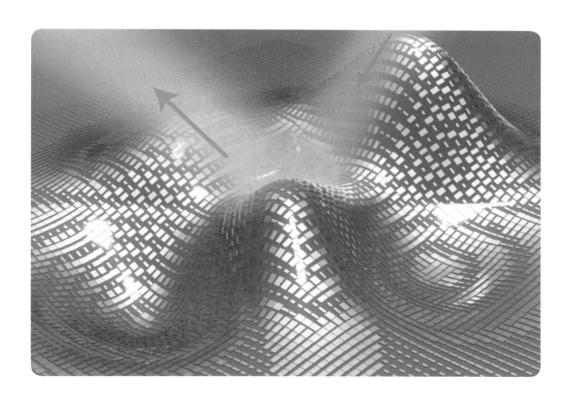

## 给我一点超构材料，还你一件隐身斗篷

由于隐身斗篷所需的结构极其复杂，早期的研究主要是针对微波的隐身。随着超构材料的出现，在可见光波段使用的隐身斗篷终于被设计并制造出来。

被称为光学孤立斗篷的隐身斗篷可以在三维空间中将物体隐藏起来。光学孤立斗篷可以将进入其中的电磁波偏转，引导光绕过需要被隐藏的区域，并让电磁波在离开斗篷区域的时候回到它们入射时候的取向，就好像没有任何反射发生过一样，神不知鬼不觉，让人们在任何角度观察这个区域的时候都看不到反射光。

超构材料可以制作出传统光学器件不能实现的神奇光学特性，比如负折射率结构，这种结构可以将发散的光线在空中汇聚起来，不需要介质承载就可以在空气中成像。结合空间定位等交互控制技术，可实现人与空气中影像的直接交互。这样的技术已经应用到了医院无接触式自助挂号机以及地铁自助售票终端上。患者或乘客看到悬浮在空气中的屏幕显示画面，通过直接在空气中点击，就能完成挂号或购票，而不需要触摸仪器。这种无接触的交互方式更方便、更安全。

超构材料的研究是一门前沿、实用的科学，它正朝着更薄、更轻、更广泛的方向发展。过去，隐身还是人类遥不可及的梦想，如今，梦想已逐渐变成了现实。人类对未来的畅想，正是推动科学进步的一股动力！

# 从《哈利·波特》中的魔法报纸到 "万物显示"——柔性显示技术

撰文／龙　浩

## 学科知识：

**柔性显示　光能　电信号　光信号**

在系列电影《哈利·波特》构造的魔法世界里，魔法师打开《预言家日报》，就可以看到会动的图片和自动播报的新闻。如今，幻想已经变成现实，我们的"麻瓜"世界也可以体验到魔法报纸的神奇了。不仅如此，可以折叠的电子书、可以卷成手环的手机、像壁纸一样贴在墙上的显示板都将在不远的将来出现在你我身边，甚至地面、天花板、沙发、衣服和其他任何物体表面，都有可能成为屏幕，实现显示和信息交互。目前，已经有不少折叠屏手机走进我们的生活，这些美好的体验都离不开飞速发展的柔性显示技术。

柔性显示技术

## 柔性显示为何物

液晶电视、智能手机、平板电脑、智能手表、虚拟现实（VR）设备……各种电子产品层出不穷，让我们的生活越来越具有科技感，工作和学习效率也获得了大幅提升。然而遗憾的是，早期的电子产品无论如何升级换代，唯一不变的是坚硬和易碎的显示屏。这难以满足人们越来越高的使用需求，也限制了工程师们的设计空间。

直到一种可弯曲、可卷曲、可折叠的显示屏出现，重新定义了电子产品，它就是具有可形变、低功耗、轻薄等特点的柔性显示屏。主流柔性显示技术的核心，是一种被称为有机发光二极管（OLED）的显示元件。OLED 能将电能转化成光能，将复杂的电信号通过成千上万的 OLED 转换成光信号，实现信息显示。可是，为什么 OLED 会被选中成为柔性显示的主角呢？

柔性显示屏

## OLED 被选之谜

目前应用最广泛的显示技术是液晶显示（LCD）和 OLED 显示。LCD 本身不发光，它是光的开关，通过控制来自于背光源的出射光强度而实现显示。LCD 材料和结构特征决定了它的对比度较低、视角偏小、机械厚度较大。

不同于 LCD，OLED 是一种自发光器件，不依赖背光源。因此，OLED 具有更高的对比度、更好的色彩效果、更低的功耗和更小的厚度。并且，制备 OLED 所用到的材料大多为有机物。有机物中的碳碳单键可以绕键轴自由旋转，没有固定的空间角度，可以在一定限度内发生形变，具有良好的韧性。所以，将柔性的 OLED 制备在柔性的基片（塑料、金属箔片或可弯曲的超薄玻璃等）上采用柔性工艺封装，就可以制成具有优秀显示性能的柔性显示器。自此，新世界的大门打开了。

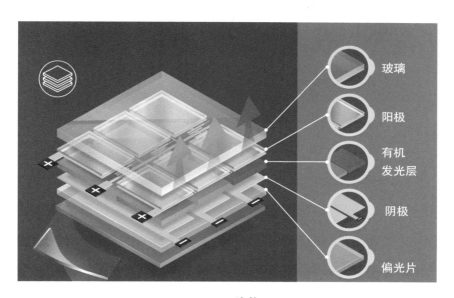

OLED 结构

这才是物理

# 从"万物互联"到"万物显示"

今天的物联网（IoT）正在走入万物互联（IoE）的时代。随着智慧世界的快速到来，未来显示屏幕将无处不在。**柔性显示打破了传统显示技术天然的禁锢，从"万物互联"到"万物显示"，它将起到举足轻重的作用。** 从可弯曲的手机，到可以在任何地方部署的任意拉伸的泛在屏，只有人们想不到的，没有柔性显示做不到的。飞速发展的柔性显示技术已经向人们展示了它无限的可能性。

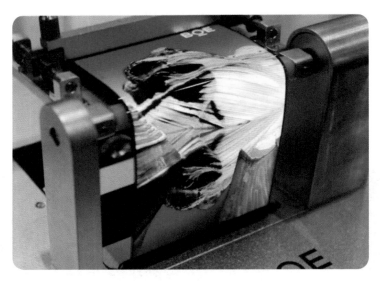

可折叠屏幕

我国的一家科技公司曾在美国拉斯维加斯举办的"SID Display Week"（国际显示周）上展示了 5.99 英寸的折叠手机和 7.56 英寸的折叠平板电脑等多款整机产品。它们折叠时为手机屏幕，展开时可作为平板电脑或计算机显示屏使用，完美化解了便携性和屏幕可视范围的矛盾，成为各大手机厂商关注的热点。而今，越来越多的手机生产厂商将各式折叠屏手机推向市场。随着技术的更新，折叠屏手机的显示效果也越发理想。

## 柔性电子书

在世界移动通信大会（MWC）上，我国一家科技公司曾展示了一款名为"柔性电子书"的黑科技产品。这款柔性电子书可以在卷曲或折叠后随身携带，具备超轻薄、广视角、高对比、广色域等极佳的画质体验。它像极了《哈利·波特》中的《预言家日报》，魔幻已经成为现实！

柔性电子书

## 可穿戴设备

作为继智能手机之后又一个爆发性增长点的可穿戴设备，它提供的健康监测、生活娱乐、信息展示以及社交分享等功能的实现，都离不开人机交互的关键窗口——屏幕。具有可弯曲、超轻薄设计、超低

功耗、耐用性以及便携性等优势的柔性显示技术，将对智能可穿戴设备产生深远影响，催生更多新的智能应用。

搭载柔性屏的智能手环

　　除了以上这些，国内外科技公司和研究机构正在努力研发，将柔性屏幕集成到其他电子产品、家居用品、日用百货、交通工具、医疗器械和军工领域中。相信在不远的将来，柔性显示技术将逐步解决目前遇到的各种问题，为"万物互联"的智慧生活和智慧世界，提供更加美好和魔幻的"万物显示"体验。

# PART 03

# 破解物理现象的秘密

# 星星是如何打水漂的

撰文／钱 磊 郭 亮

**学科知识：**
**压强 压力差 初速度**

大家一定都玩过打水漂吧？能够打个漂亮的多次水漂是一件非常令人兴奋的事。扔出的石头就像拥有了轻功，在水面上跳舞。但是你知道吗？除了石头，导弹、载人航天器返回舱，就连外太空的星星也会打水漂呢！今天就让我们一探究竟吧。

## 打水漂是一个非常严肃的科学问题

很多人都玩过打水漂的游戏，技巧是在水边选一块扁平且重量适中的石头，然后侧向水面加一些旋转丢出去，石头就会在水面上一跳一跳地跃向远方。如果技术够好，使用雪茄形状（圆柱体）的石头也可以打出水漂。

那么为什么沉下去的石头，会再次跳上来？这其实是一个比较复杂的力学问题。在打水漂时，石头的速度很快，所以与石头接触的那层水会获得很高的速度。**按照流体力学中的伯努利定律，流体的速度愈大，压强愈小。**所以，贴着石头的那层水速度很快，压强较低，但是更下层的水几乎是静止的，所以压强较大。这个压力差就会推动这层水向上运动，带动石头跳起来。潜入水中的石头，似乎触动了水下"机关"，又被弹回水面。

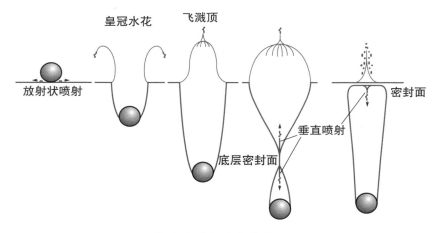

打水漂过程的力学模型

当然，石头的形状、重量、姿态、入水角度、初速度、旋转等因素都会影响打水漂的效果。如果你有打水漂的经验，一定也很好奇如何打出又多又漂亮的水漂吧？法国物理学家利达瑞·柏奎和克里斯托弗·克兰尼等对打水漂做了很深入的研究，他们用一个半径为 $R$、厚度为 $h$ 的铝制圆盘模拟石头，这个石头自身的姿态角（攻角）为 $\alpha$，而石头与水面接触时的瞬时速度方向与水平方向的夹角为 $\beta$、石头旋转的角速度为 $\Omega$、石头的速度矢量为 $U$。通过改变速度和姿态等参数，利用多次实验得到了能否成功打水漂的结论。在石头的速度为 3.5 米 / 秒，入水角度大于 55° 时，就无法打水漂了；而当入水角度在 20° 左右，将获得最佳弹跳效果。你学会了吗？不妨按照他们的方法试一试，有了这些理论知识的帮助，你很有可能成为打水漂高手哦。

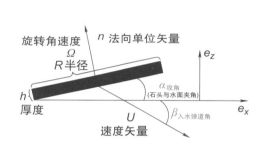

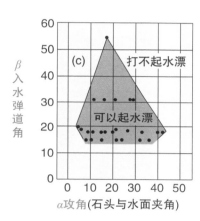

石块打水漂的力学模型分析

　　第二次世界大战期间，英国著名发明家巴恩斯·沃利斯在对打水漂进行深入研究后，发明了著名的跳弹。当时的英军要炸毁德军非常重要的 3 座大坝，而德军为防止英军空投鱼雷，早已提前在水里布置了大量的鱼雷网。沃利斯利用打水漂的原理，经过精确计算，研究出了飞机的速度、高度，参考炸弹的重量等参数，制成的跳弹可以像石头一样在水面上跳跃，最终突破了德军的水下鱼雷防御网，成功炸毁了目标。当然，我们向往和平。许多

仿制的沃利斯跳弹弹型

伟大的科学发现被应用在战争之中，也并非科学家们的初衷。

被摧毁的德国鲁尔河默讷水坝

## 小行星也喜欢在太空中打水漂

　　太空版打水漂又是如何实现的呢？在一定条件下，地球的大气层也可以作为"水面"，让飞行器和一些小天体实现"太空水漂"。我国的探月工程返回舱，就是通过打水漂的方式实现降速进入大气层的。大气层从太空到地面是由稀到稠的渐变，也可以看作一个类似水面的流体界面。由于返回舱的速度非常快，如果垂直于界面进入大气层，飞行器可能会由于摩擦发热而被烧毁。而如果返回时与大气层界面的夹角过小，就相当于在大气层上打水漂，有可能无法落地，最终跳出地球范围。为了让返回舱能够既通过打水漂减速，又不被弹走，就需要科学家们进行精密的计算和设计了。

太空里充满了石块和冰块，有些是早期太阳系形成时剩下来的小行星、彗星，有些是小行星撞击行星，溅射产生的石块。这些石块时不时会向地球飞来，很多时候擦肩而过，而有时候也会落入地球大气层中，形成流星；没有被完全烧毁的石块则会落到地面成为陨石。除了以上两种旅行方式，这些太空石块也有可能进入地球大气层的上层，又被弹回太空，就像在地球大气层中打了个"水漂"。类比掠过水面的石块和再入大气层的飞行器，要实现这种小行星的"太空水漂"，同样要满足一定条件。

小行星掠过地球，打了一个"太空水漂"

天体在形成和演化过程中，会趋向于能量最低状态，而绕转动惯量最大轴旋转是能量最低的自转状态。在无外力的情况下，通常保持稳定。小行星的形状通常不规则，有哑铃形、雪茄形。**由于 YORP 效应（由于小行星的形状不规则，恒星的辐射导致小行星产生自转的一种效应）等物理过程的长期影响，可以导致小行星的自转速度随时间发生变化。因此，小行星通常都在旋转，角速度方向通常和转动惯量最大的轴方向一致，而 YORP 效应可能会影响这个角速度随时间发生变化。**哑铃形和雪茄形的小行星旋转起来就像竹蜻蜓。和打水漂的石头一样，如果角度合适，小行星就可以被地球大气层弹走，完成一次"太空水漂"。不过，由于小行星速度通常非常快，只能在地球大气层的上层完成一次"水漂"，像打水漂高手那样用石头在水面上打出弹跳几十次的水漂，对于小行星来说几乎是不可能完成的任务。

在现实中，人类就曾经观测到小行星的"太空水漂"。1972 年，曾有一颗小行星在大气层界面上完美地打了一个"水漂"，而没掉落下来。未来，随着观测技术的提升，我们可能会看到越来越多这种"太空水漂"事件。这将为我们了解地球大气层的上层和小行星的相互作用提供更多信息。

## 系外小行星和星际水漂

除了太阳系的小行星，最近几年科学家们已经发现了来自太阳系外的小行星，其中一颗叫作奥陌陌（Oumuamua），它是一颗雪茄形状

（也有研究表明是盘状）的小行星。和太阳系内的小行星相比，奥陌陌的运动速度要快得多。这是我们能确认它来自太阳系外的一个重要证据。和太阳系内的小行星一样，这颗来自星际空间的小行星也是有自转的。

星际空间有很多小行星，可能来自类似奥尔特云的区域。除了奥陌陌这种进入太阳系的外来小行星，在太阳系和星际介质的边界处，外来的小行星是不是也会旋转着打出漂亮的"星际水漂"呢？这个问题就留给未来的你们去探索吧！

# 再"热"也不能膨胀

撰文 / 曹宜力　邢献然

## 学科知识：

**质量　密度　热胀冷缩　负热膨胀　浮力　振动**

　　你是否会好奇在寒冷的冬季被冰封的湖泊下面是如何维持水流的温度平衡呢？其实，这是水的负热膨胀在起作用。当气温降低到0~4℃时，大家熟知的水会出现负热膨胀现象。在此温度范围内，单位质量的水体积会随着温度降低反常增加，密度降低，此时温度较低的水就会逐渐上浮，温度较高的水则会下沉，这样就实现了水流的温度平衡。事实上，这种"非常规"的负热膨胀现象还有很多，而且在日常生活中发挥着举足轻重的作用。

神奇的负热膨胀现象

## 点点滴滴的负热膨胀

　　热胀冷缩是大家熟知的自然现象，比如在空中漫步的五彩热气球，就是通过加热气球的内部空气使其发生热膨胀，因而比外部冷空气具有更低的密度，产生浮力来使热气球整体发生位移，从而带着旅行者开启一场美好的旅行。然而，有时候热膨胀也会给我们的生活带来很大困扰。就拿大家经常用来度量长度的钢尺来说，在环境温度升高时，尺子的热胀冷缩往往使得测量值与真实值存在较大的误差。比如，20厘米长的尺子会在525℃时变为约20.15厘米，而在1025℃时会变成更长的20.30厘米左右。虽然看似是很小的变化，但失之毫厘差之千里，对一些精密的发动机齿轮箱和密封环就有着至关重要的影响。如何才能保证测量值的精确性呢？这时，我们就需要找来一种与"热胀冷缩"相反的"热缩冷胀"——负热膨胀来帮忙。

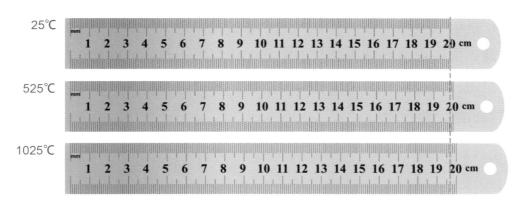

在不同温度下标准尺子的尺寸（以温室 25° 为基准）

那么负热膨胀究竟是如何发挥作用的呢？科学家发现，利用负热膨胀作为补偿剂可以与常规正热膨胀复合，通过正、负热膨胀材料在不同成分下混合，可以制备出实现具有特定热膨胀行为的复合材料。这被广泛应用在一些精密仪器中，比如智能手机等电子产品，它们的集成电路是以硅为主要材料的器件，在基底材料的选取上最重要的就是考虑选用与硅热膨胀相匹配的金属材料，否则在使用过程中，温度过高会导致集成电路和基底脱落，电子产品随之失效。**这些材料需要在温度多变的环境里能够维持原本的尺寸大小，不发生热膨胀，这就是理想的零热膨胀**。而负热膨胀就是实现这些材料热膨胀的精准控制的前提，可以说，精密加工和控制工程离不开负热膨胀。

随着时代的发展，负热膨胀材料面临着越来越多的挑战，比如拓宽有效的使用温度区间和材料多功能化等。近些年，北京科技大学固体化学研究所所长邢献然教授课题组率先发现铁电材料——钛酸铅（$PbTiO3$）基化合物中的负热膨胀行为，通过对负热膨胀的起因深入探究，提出了崭新的铁电材料制备方法，并获得了世界首屈一指的铁电性能，为实现负热膨胀材料的多功能化奠定了基础。此外，相关研究人员还分别在陶瓷、合金、高分子和纳米材料等材料中陆续发现了新颖的负热膨胀行为。

## 负热膨胀如何产生

　　这种"非常规"的负热膨胀材料究竟是如何产生的呢？其实，这主要是源于材料内部原子之间的相互作用力。

　　一般来说，材料在受热过程中，原子间的相互振动加剧，原子逐渐向远离原本的平衡位置移动，从而使得体积逐渐增加，这就是"热胀冷缩"的来源。那么要怎样才能打破这种常规，产生负热膨胀呢？迄今为止，我们发现产生负热膨胀的主因有两种。第一种是在一些磁性合金和电性陶瓷中，构成材料的结构基元的原子核外电子构型随着温度升高发生转变，从而产生原子间化学键的转变，造成体积收缩。这类材料往往具有优异的磁学、电学或加工性能，有重要的实际应用价值。第二种是由于结构基元的原子之间较强的相互作用，改变了原子间原本相对自由的相互振动模式，也就是结构基元间会发生有规律的耦合扭转，使得原本受热相互远离的结构基元反而逐渐靠拢，从而出现负热膨胀。这类材料一般需要原子之间具有较大的空隙，便于结构基元的扭转。

**正热膨胀**

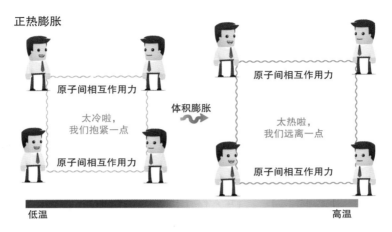

**负热膨胀**

第一种：在升温过程中，原子基元的体积发生变化，使得整体的体积收缩

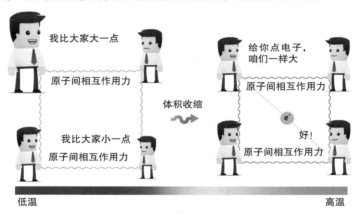

第二种：在升温过程中，原子基元之间发生耦合扭转，使得整体的体积收缩

正热膨胀和负热膨胀原理示意图

## 未来可期的负热膨胀

目前，负热膨胀已经被广泛应用在我们的生产生活中，但是在某些关键的精密零部件制造上仍然存在很多挑战。

外太空的气温变化很大，而且随着空间位置的变化，温度也会不一样，所以我们要求航天器及卫星的防热壳和承力壳的热膨胀要紧密匹配；为了减少事故的发生，我们需要防止航天飞机保温瓦因连续的受热受冷而失效脱落。另外，高铁轨道网连接处往往会因为焊接材料和铁轨本身的热膨胀失配带来轨道变形，因此需要选用热膨胀匹配的材料。但目前高力学性能的热膨胀匹配材料仍然比较缺乏。

特别值得一提的是，现在我们尝试用来治疗龋齿的牙床材料和骨骼重生的人造骨骼，都需要与人体本身的骨骼相匹配的热膨胀系数的材料，这有助于人造牙齿和骨骼在经受温度变化时，依然能够维持正常的功能，不至于失效脱落。因此，开发对人体更加友好的负热膨胀材料也是目前研究的方向之一。

负热膨胀在人类生产生活中如此重要，相信不久的将来，科学家们能发现更多优质的负热膨胀材料。聪明勤奋的你，会不会成为科学研究的一员呢？

# 跟着古诗学物理

撰文 / 周晓秋[一]

**学科知识：**

**万有引力　重力　热运动　布朗运动　声波　频率**

古往今来，很多人都有着飞天之梦想。唐朝诗人李商隐在《嫦娥》一诗中就叙述了我国家喻户晓的古代神话传说"嫦娥奔月"的故事。他写道："云母屏风烛影深，长河渐落晓星沉。嫦娥应悔偷灵药，碧海青天夜夜心。"这首诗描写了嫦娥误服仙药而飞向月球，在月宫备受孤独煎熬的遭遇和心境。

然而神话传说中的飞天之旅，在经典物理学中想要实现，只能利用力的作用、能量传递或转换规律的航天途径。除此以外，科学家们还根据现代量子理论，畅想通过一种称为生命扫描仪和打印机的设备，借助量子纠缠技术，眨眼间就可实现生命体跨越遥远星际的航行。就像神话传说中可以瞬息位移的神仙一样。若能如此，后悔的嫦娥也可利用这种方法轻松重返地球。其实，我国古典诗词中不仅寄寓了诗人的理想和抱负，也饱含了诗人观察自然的心得体会，其中更是隐藏着众多的物理知识。

---

一　就职于贵州安顺实验学校，中学物理高级教师。

## 茫茫宇宙谁主张，经典量子先后王
## ——诗文中流露的力学现象

绿水青山枉自多，

华佗无奈小虫何！

千村薜荔人遗矢，

万户萧疏鬼唱歌。

坐地日行八万里，

巡天遥看一千河。

牛郎欲问瘟神事，

一样悲欢逐逝波。

巡天遥看"天河"

这是中华人民共和国开国领袖、诗人毛泽东创作的七言律诗《送瘟神（其一）》。

该诗叙述了血吸虫病两千多年来肆虐中华大地，人民深受血吸虫"瘟神"戕害却又无助的悲惨情状。诗人以东汉名医华佗对血吸虫病无计可施为例，既说明了此病的凶险，又点明了该病由来已久。继而以"坐地日行八万里，巡天遥看一千河"形容时光流逝。

何为"坐地日行八万里"？

**地表上几乎所有物体（两极点除外）每天都随地球绕地轴以相同速度做匀速圆周运动。**约 24 小时一圈，地球平均半径约为 6371 千米，则赤道附近的人每天所"走"路程就等于赤道周长：

$C = 2\pi R \approx$ 4 万千米 = 8 万里（里：我国市制长度单位）。

故有"坐地日行八万里"之说。

原来诗人借地球快速自转描写时间飞逝，以及往昔只能仰望苍穹、看斗转星移来表示人们对血吸虫病的无奈。

为何人与地球以约 1667 千米／时（在赤道上）的高速做匀速圆周运动，但人们却毫无觉察？

这是因为物理学上判断物体是否运动，主要通过观察其与参照物间是否存在相对位置的改变。而坐着或躺着的人们与山峦树木等常选作的参照物间并无位置变化，因此人们就感觉不到自己和山川都在高速运动。

至此有人还会疑惑，甩动的流星锤，其圆周运动的速度远不及人类随地表自转速度大，为何甩锤人一松手，流星锤就会被抛向远方，而人类等地表上的物体却不会被抛出地球呢？

甩动流星锤做匀速圆周运动时，甩锤人手中拉着的绳子给流星锤一个始终指向手捏处的向心力，此向心力起到实时改变向心加速度方向的作用，维系着流星锤不至于离开圆周运动的轨迹。只要甩锤人不松手，流星锤做匀速圆周运动的状态就不会改变。

地表所有物体如同正在甩动的流星锤，而充当拉绳作用的正是人们看不见的"万有引力"。当然地球不会像甩锤人那样，因累而"松开"吸引物体的"万有引力"，因此地表所有随地球自转运动而做高速匀速圆周运动的物体，都无法逃脱指向地心的万有引力束缚而飞离地球。

很多诗歌中都能看到万有引力的影子。不论是"八月涛声吼地来，头高数丈触山回。须臾却入海门去，卷起沙堆似雪堆。"[出自唐朝诗人刘禹锡的《浪淘沙（其七）》]中震天撼地的钱塘江潮，还是"春江潮水连海平，海上明月共潮生。"（出自唐朝诗人张若虚的《春江花月夜》）中潮涨潮落的意境，这两首诗中所述海潮的形成，都源于月球和

海上明月共潮生

太阳处于地球不同位置时它们对地球万有引力作用的结果，因而引发地表海水有规律地潮涨潮落。潮水涨落中，人们还真切地感受到了潮汐能的存在和力量。

再如清朝文学家曹雪芹在小说《红楼梦》中的《葬花吟》里写道："花谢花飞花满天，红消香断有谁怜？游丝软系飘春榭，落絮轻沾扑绣帘。"鲜艳多彩的美丽花朵，当其芬芳散尽、华彩不存，走到生命尽头时，在万有引力导致的重力作用下，缕缕情丝再留不住残余的"花躯"，便只能随风飘零，最终朵朵落花归泥土，片片残躯没香丘。

## 外在辉煌内因掌，微观世界歌声朗
## ——诗文中流露的热学现象

> 墙角数枝梅，
>
> 凌寒独自开。
>
> 遥知不是雪，
>
> 为有暗香来。

这是北宋诗人王安石所作五言绝句《梅花》。诗人以梅花苦寒中坚贞不屈、凌霜傲雪、独放异彩的孤高品格来隐喻诗人不惧仕途多舛，依然秉持为国为民的高尚情怀。

雪花飞舞的冬天，远远地如何识别雪花与梅花？诗人以"遥知不是雪，为有暗香来"，提出以谁能暗送芳香为标准进行区分，由此告诫人们识人断事，不能被表象迷惑，要深入内部看本质。

那梅花"暗香"从何来？一是梅花花朵会分泌芳香物质，芳香物质的分子时时都在空气中做着无规则分子热运动；二是携带梅花花粉细小的微粒，当其离开梅花花朵，进入其花枝周围的空气中，这些细小花粉也在空气中做着无规则的布朗运动。

正是梅花芳香物质的分子热运动和梅花花粉飘散后的布朗运动，使芳香分子溢满花枝周围或更远区域。从而使人在较远的地方就能闻到梅花的香气，进而识别出附近绽放的梅花。

1827年，英国植物学家罗伯特·布朗观察水中悬浮的花粉，发现了布朗运动

水墨画梅花

## 琴瑟鸣和音跌宕，殿宇宏阔回声朗
### ——诗文中流露的声学现象

朝辞白帝彩云间，

千里江陵一日还。

两岸猿声啼不住，

轻舟已过万重山。

这是我国诗仙、唐朝诗人李白的七言绝句《早发白帝城》。

该诗展现了诗人在流放途中获皇帝赦免后，从白帝城返回江陵时的情景与心境。诗人带着被赦免后的愉快心情，乘船从长江顺流而下。沿途欣赏三峡两岸的旖旎风光，耳畔不时听见岸边密林传出长啸的猿声，以及经峡谷陡崖反射的猿啸回音，而船只风驰电掣般已驶过千山万水。

三峡两岸风光无限

该诗为人们描绘了一幅空谷回音、余音袅袅的场景。那为何会有回音呢？

声音是一种机械波。在空气中，物体振动时便会由声源向四周由近及远地引起空气分子振动，四下传播而形成声波。若声波传播路径上遇到障碍物，就会发生反射，人们在一些区域便可听到反射回来的声音——回音。由于三峡两岸陡峻的山崖，使声源发出的声音能够在陡崖之间多次反射，以至在很远的地方也能听见。

惯于用夸张手法的诗仙李白，叙述上游群猿的啸声与回音不绝于耳，一日之间便返回相隔千里之外的江陵。如此之快的船速在古代是无法实现的，但却足见诗人获赦后的心境是怎样的轻松愉快，竟使得其乘坐的船只也变成了一叶"轻舟"。

## 玉壶旋转影相傍，万紫千红花怒放 ——诗文中流露的光学现象

江南好，风景旧曾谙。

日出江花红胜火，

春来江水绿如蓝。

能不忆江南？

这是唐朝诗人白居易写的词《忆江南·江南好》。

诗人以江岸花儿在日出时火焰般的明亮鲜艳、春天时平静碧绿的江水，为人们呈现了充满勃勃生机的江南春之景色。

日出时整个天空呈现红色

　　按说江岸植物的颜色应五彩缤纷，为何诗人所见日出时的花朵却都红如火焰呢？

　　众所周知，阳光由七色光组成，当其早晚照射地球时，其光线以斜射角度进入大气层，频率不同的七色光通过大气层时会产生不同程度的折射现象。

　　在折射现象中，折射率较高的绿、青、蓝、紫几种色光偏折显著并依次增强；而折射率较低的黄、橙、红三种色光偏折相对较小且渐次减弱，折射现象弱的就能更多地穿过大气层到达地面，使人们看到整个天空呈现出以红光为主的朝霞或晚霞景象。

以红为主的色光照射到物体表面，经物体反射后进到人眼里的也多为红光，故而出现诗人所见两岸花草身披红衣，一派"红胜火"的壮阔晨景。

至于碧绿的春江水，主要源于冬天枯水季节，江中湖水平缓，有利于绿藻滋生。含有丰富绿藻的水体，将更多绿色的光线反射到人眼，使人们看到"绿得如同蓝草"浸染过的春江水。

今后读古诗文时，欣赏之余，试试从物理视角理解诗文中所含的现象和规律，这样更有益于深入感悟诗词内涵，将会另有一番体会。

# 解密 "狮吼功"

撰文／武帅兵

**学科知识：**

振幅　振动频率　音调　共振　响度

亲爱的读者，你们一定在武侠小说或者电视剧里看到过少林七十二绝学之一的"狮吼功"吧！那么在现实生活中是否真有人能够练成此"绝世武功"呢？《最强大脑》播出过一期节目，节目中有一名挑战者利用吼声把玻璃杯震碎了，观众们叹为观止。这名挑战者为什么能够把玻璃杯吼碎呢？今天，我们就从声学的角度来聊一聊这一少林绝学——狮吼功。

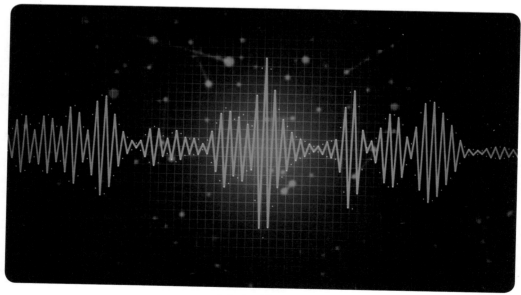

音频频谱概念图

## 声音从何而来

　　人类生活的环境中充满了各种各样的声音。那么声音是怎么产生的呢？通过物理课本学习，我们知道声音是由物体的振动而产生的。无论是人类的讲话声，还是宠物的叫声，抑或是马路上汽车的鸣笛声，无一例外都是通过振动产生的，所不同的是振动的声源不一样。

　　我们来看看人类的声音是怎么发出的。如下图所示，我们讲话时，身体里是如何工作的呢？首先，肺部扩张，通过呼吸道吸入空气（吸），然后肺部收缩将气流压出（呼）。我们想要讲话时会控制声带振动，声带振动时，经过此处的气流被压迫，产生振动。振动的气流继续往口腔前行，唇、齿、鼻、腭"交响乐团"各展所长，把气流调节出了各种不同的声音。

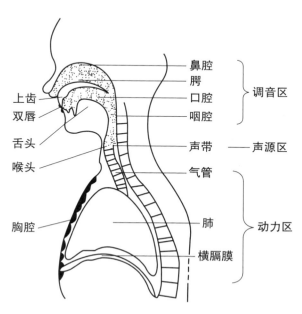

发音器官示意图（供图／武帅兵）

声音是通过介质的振动来进行传播的。试想在平静的湖面丢下一粒石子，石子将激起周围水的振动，而已经振动的水波又将引起外围水面的振动，波纹得以继续向外扩展，形成美丽的涟漪。而声音的传播亦是如此，当声音从我们的口腔发出之后，会造成口腔周围空气的振动，而这种振动将会通过空气介质继续向外扩展传播。

水波图

### 神奇的共振

既然声音是由于声带的振动而产生的，那么我们就可以利用振动的频率和振幅这两个概念来研究声音。

- **振动频率：声音振动的快慢。声音振动得越快，音调就越高，也就是我们平常所说的声音越尖。**
- **振幅：声音振动的大小。声音的振幅越大，音量就越高，也就是我们平常所说的声音越大。**

另外，一个物体有它本身的固有频率。固有频率是指物体做自由振动时的频率。固有频率的大小与其自身的质量、形状、材质等属性有关。

声音的振动会产生神奇的共振现象。就像下图所示的音叉共振实验：当实验者敲击左图的音叉时，右图中间音叉旁边的小球将会被弹起。这是因为左图音叉的振动引起了其周围空气的振动，而空气的振动像水波一样向四周传播时，遇到了右图的音叉，所以右图的音叉也开始振动起来。

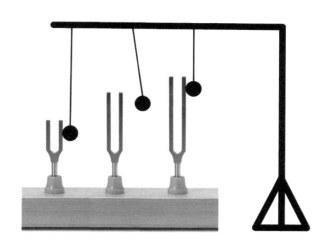

音叉共振实验图（供图／武帅兵）

但是为什么右图三个音叉中只有中间的音叉振动将旁边的小球弹起呢？这是因为中间音叉与左图声源音叉的长短一样，所以其固有频率也一样。正如生活中，我们常把和自己兴趣一致、特别聊得来的好朋友形容为"同频"，原因是对方更能接收到你的信息并及时给予反馈。空气把振动一直传递给音叉时，由于其固有频率与声源频率一致，所以中间音叉的振动幅值会慢慢将空气的振动幅值叠加起来而变得更

大。当右图中间音叉的振动幅度大到一定程度时，就会将小球弹起。而另外两个一长一短的音叉因与声源的频率不一样，所以其振动幅度得不到有效的叠加而产生无规则的振动，这也导致了其振幅非常微小。这两个振幅微小的音叉就像对你的话题不感兴趣而毫无反应的朋友。我们称这种一个物体因另一个物体的振动而引起的振幅更大的振动现象为共振。在声学中这种现象也被称为共鸣，因为振动的物体是会发出声音的！

## "狮吼功"的秘密

读到这里，聪明的你们一定知道了本文开头所讲的"狮吼功"是怎么一回事了吧！

《最强大脑》中的挑战者利用其强大的肺活量呼出长时间的气流，这种气流通过声带的振动而变成振动的气流，振动的气流经过口腔调节之后引起了口腔周围空气的振动。这种振动在空气中向外传播，当玻璃杯感受到振动的空气时就开始振动起来。刚开始时，这种振动的幅度比较小，但是随着时间的增加，源源不断的、具有特定振动频率的气流将会把自身携带的振动幅度叠加到玻璃杯振动的幅值上，这就导致了玻璃杯振动的幅度越来越大，最终"啪"的一声，玻璃杯破碎了！是的，你没有猜错，**正是因为玻璃杯与挑战者的吼声发生了共振现象，才导致了玻璃杯的破碎。**

玻璃杯与吼声共振会导致玻璃杯被震碎

　　这时候，你们是不是已经跃跃欲试，准备把眼前的玻璃杯吼碎呢？发招之前，请梳理一下狮吼功的要诀：首先，我们要能发出与玻璃杯振动固有频率大小一样的声音；其次，我们要有强大的肺活量来提供源源不断的振动气流对共振物体进行幅度叠加；最后，因为我们不可能发出无限长的声音，所以在有限的时间内想把振动的幅度达到能使玻璃杯破碎的程度，就需要吼声的响度一定要大！想一想雄狮吼叫的音量吧！运用这三招，试试看你能不能练就绝世神功"狮吼功"！注意：要小心碎玻璃伤到他人哦！

# 声音会"爆炸"吗
## ——声爆与声爆云现象

撰文／张德良

## 学科知识：

### 声爆 声爆云 锥形激波 分贝 噪声

  当你在音乐会或者演唱会现场听到悦耳的歌声时，你一定会感受到声音是多么优美动听。但是，你会想到声音也会"爆炸"吗？是的，声音在一定条件下会发生可怕的"爆炸"，伴随着声爆（音爆）还有可能出现声爆云（音爆云）等一些奇特的现象。让我们一起认识一下声音"爆炸"产生的现象吧。

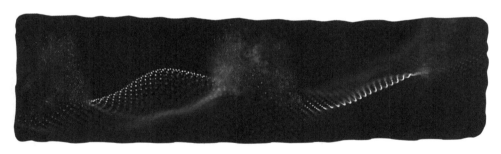

带有音乐波的声波模拟图

## 破解声爆的形成"密码"

  声爆是发生在自然界里的一种物理现象。

  现在先让我们来看看汽艇在水中航行的情况。由于汽艇航行过程中对水产生扰动，在水中会产生水波，水波在汽艇四周向各个方向扩散。同时，我们在航行方向两侧可以看到两道气流痕迹构成的三角形的水痕迹，向外推开。

汽艇航行方向两侧的两道气流痕迹构成的三角形的水痕迹

当飞行器在空中飞行时，也会产生扰动，扰动也会在空气中产生声波，这时空气中的声波也会向飞行器四周扩散。

如果是亚声速飞行（速度比声速小），飞行器的速度追不上声波传播速度。这时会像汽艇在水中航行一样，在空气中声波会向四周各个方向扩散，同时在尾部产生两道气流痕迹构成的三角形区（飞行表演时我们看见的尾部彩色带就是气流痕迹）。

当飞行器以声速或超声速飞行时，由于飞行器的飞行速度比声速要快，声波就不能像亚声速飞行一样，向四周各个方向传播了，这些声波会全部叠加在一起，在飞行器的头部和凸出部形成锥形激波（通常称为冲击波）。飞行器在声速飞行的特殊情况下，锥形激波退化为一个平面波。

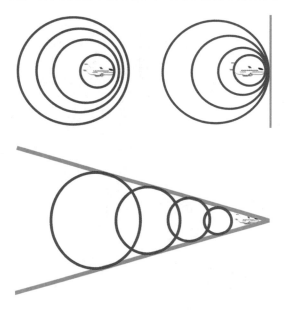

飞行器在亚声速（上左）、跨声速（上右）、超声速（下）飞行时声波波系的不同形式

无论是锥形激波（通常称为冲击波）还是平面激波都聚集了大量的声学能量。这些能量传到地面上人们的耳朵里时，耳鼓膜感受到空气压强突然增加，让人们感受到短暂而又极其强烈的、雷鸣般的爆炸声，这就是声爆（音爆）。

一般说来，超声速飞行器飞行时往往会形成两道激波：一道激波包裹机头前部，另一道激波在机身后部。它们差不多同时传播到地面，并在地面上产生反射，形成一个 N 形反射激波。因此，在一般情况下，我们在遇到声爆时，常常可能会听到两声"爆炸"声。

## 知识链接

### 什么是激波？

声波传播的速度为声速。声波在不同介质中传播时，声速是不同的。一般来说，声音在固体中的传播速度最大，其次是液体，最小的为气体。空气中的声速大约为340米/秒，水中的声速大约为1500米/秒，钢铁中的声速大约为5200米/秒。上文提到的锥形波，在力学上称为激波或冲击波。它是由于空气被压缩后把空气堆积在一起，形成了一个间断面，即间断的"空气墙"。这个间断面前方的空气保持原始的空气状态，但在间断面后方由于空气被压缩，而堆积了大量的能量，在间断面后方空气的压力、温度和密度会急剧升高，形成一堵高压、高温和高密度的"空气墙"。一旦飞行器头部和凸出部产生激波后，飞行器的气动性能就会发生急剧变化，阻力突增，升力骤降，飞行器产生剧烈振荡，甚至有机毁人亡的危险。

飞行器在超声速飞行时不仅在头部形成激波，也可以在机身的其他凸起部位形成激波

## 飞行器上"仙气飘飘的裙子"——声爆云

　　伴随飞行器高速飞行产生声爆的同时，飞行器头部的激波后面的压力和温度增高，但在飞行器尾部后面却会出现低温和低压区，这就改变了尾部后面的空气状态，使空气中的水汽在新的条件下发生凝结，形成云雾，这就是人们常说的"声爆云（音爆云）"。

飞行器在超声速飞行时形成声爆云

声爆云和锥形激波形状类似，呈现锥形状，和飞行器的机身垂直，通常只能持续几秒钟。但是，并不是每架飞行器在飞行中都会产生声爆云现象。声爆云的出现不仅和激波强度有关，还和周围空气的气象条件（湿度、温度、饱和度以及凝结核等）有密切的关系。因此，只有在特定的天气条件下才会出现声爆云。

除了飞行器会产生声爆外，日常生活中也有声爆现象，比如马车夫甩鞭子催马快跑、公园里人们甩鞭子锻炼或抽陀螺健身时，小小皮鞭都会发出啪啪啪的声音，这就是一次次小小的声爆。尽管人们甩鞭子的手臂速度并不快，但鞭子的鞭梢速度非常快，可以突破声速产生声爆，这也可能是人类最早突破声速的尝试。

孩童在玩陀螺时，皮鞭发出的啪啪声就是声爆

## 迷惑龙居然自带鞭子

人类其实并不是最早制造声爆现象的物种。据说 1.5 亿年前的侏罗纪有一种叫迷惑龙的恐龙，它体形巨大，臀部可达 4.5 米高，尾巴有十几米长，尾巴根部的厚度超过 1 米，但是，尾巴尖端却像现代人的小指一样细。这样秀美的尾巴尖使其尾部过于脆弱，因此不能攻击袭击者。那么它的尾巴的作用是什么呢？科学家们猜想，迷惑龙是用它的尾巴作为鞭子，在空气中甩动时可以发出巨响，以此吓走捕食者，甚至在求偶时可以在潜在的配偶面前炫耀，从而获得青睐。

迷惑龙甩动尾巴时发出巨响，以此吓走捕食者

　　根据这一猜想，科学家们利用计算机和数学模型，对迷惑龙的尾巴甩动进行了计算机模拟，还用模拟实验来验证，结果证明，迷惑龙甩尾巴的速度确实可能超过声速，因此可能会产生声爆。

## 声爆危害有多大

　　超声速飞行器产生的声爆传播范围很广，能量也是非常大。因为飞行器上的激波附着在机体上，跟着飞行器一起飞行。因此在速度和高度都合适的条件下，沿着飞行器飞行轨迹，一路上都会听到声爆的声音。比如当飞行器飞行速度是 2 倍声速、高度是 3 千米时，人们可在60 千米的范围内听到声爆的声音。

　　当飞行器在低空做超声速飞行时，地面上的人们能听到震耳欲聋

的巨响，这不仅影响人们的生活和工作，严重的还可以震碎玻璃，甚至损坏不坚固的建筑物，造成直接的经济损失。由于声爆发生的时间短暂，对于空旷户外工作的人们影响不大，而对于在室内工作的人们来说就不一样了，尽管在室内声爆的压强要小很多，但经过壁面多次反射后会形成共鸣，持续时间会变得较长，影响更大。如果我们把声爆的压强换算成更直观的声强：100 帕的压强大约相当于 133 分贝。这时声爆引起的噪声对人体的伤害还是很严重的，特别对人的耳膜会有伤害。尽管人体能承受的最高噪声是 155 分贝，但是临床医学发现，人体在超过 80 分贝噪声环境下生活和工作时，就会有头痛、焦虑、失眠和血压升高等症状。据临床医学统计，有 50% 的听到声爆的人可能会产生耳聋。

此外，除了对地面上人们的身体和生活有影响，声爆对飞行器本身也会造成一定的损坏。如果飞行器长期多次遭遇声爆，就会使机体金属结构性能下降。所以人们一直在努力防止飞行器飞行时产生声爆。

影响声爆产生的因素很多，比如飞行速度、高度、航线和周围的气象条件等。一般而言，人们对于飞行速度、高度和航线等因素是可以控制的，但对于气象条件和接近地面的湍流状态等是无法控制的。目前，为了消除飞行器飞行时产生的声爆，科技人员在超声速飞行器的设计、制造和控制等方面，通过改善飞行器的气动外形、关键部件的材料性能，提高了飞行器消音器的性能，设置了隔音装置等。

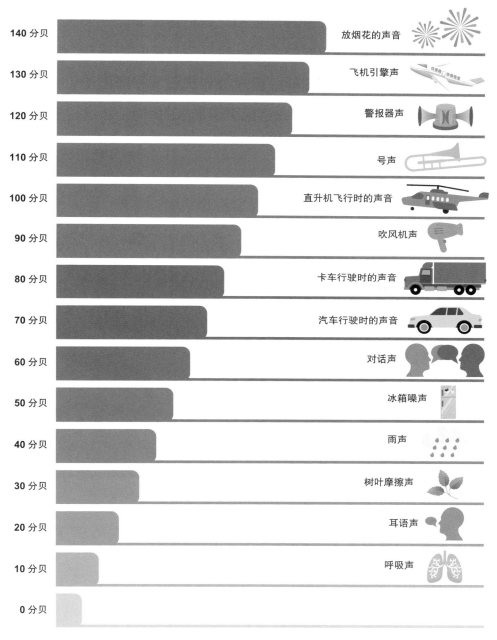

| | | |
|---|---|---|
| 140 分贝 | 放烟花的声音 | |
| 130 分贝 | 飞机引擎声 | |
| 120 分贝 | 警报器声 | |
| 110 分贝 | 号声 | |
| 100 分贝 | 直升机飞行时的声音 | |
| 90 分贝 | 吹风机声 | |
| 80 分贝 | 卡车行驶时的声音 | |
| 70 分贝 | 汽车行驶时的声音 | |
| 60 分贝 | 对话声 | |
| 50 分贝 | 冰箱噪声 | |
| 40 分贝 | 雨声 | |
| 30 分贝 | 树叶摩擦声 | |
| 20 分贝 | 耳语声 | |
| 10 分贝 | 呼吸声 | |
| 0 分贝 | | |

噪声分贝对照表

对在空旷的地面上工作的人们来说，要防止和减少声爆危害，基本上没有很好的办法，因为发生和感受声爆的偶然性很大。但对于生活在经常发生声爆范围内的人们，最好的方法只有建造隔音好、牢固和窗户少的房子。而在航母上指挥舰载机起飞和降落的工作人员都必须戴上耳罩和做好全身保护，避免声爆带来的伤害。

航空防噪声耳罩可以减少声爆对耳朵的危害

# PART 04

# 刷新你认知的物理存在

# 加速吧——粒子们

撰文 / 史金阳

## 学科知识：

**电子　电荷　负电荷　正电荷　磁场**

　　雷电与季节变换紧密相关，因此在古代曾被视为带来雨水和丰收的神，这是古人对于自然现象的理解。我们现在对雷电的认知是基于现代科学的研究，当听到阵阵的雷声，你是否思考过雷电是由什么组成的？科学的发展往往是从疑问开始的。18世纪，人们得益于美国科学家富兰克林的研究，开始了解到雷电也是一种电流，和摩擦产生的电流别无二致。科

富兰克林风筝引雷实验（绘图 / 史金阳）

学的发展，有时也伴随着偶然，有相当一部分科学的进步是因为一次次的偶然而产生的。那么更进一步，电流是由什么组成的？电流的本质是什么？电流和本文要讲的粒子加速器又有怎样的联系？就让我们跟随科学家们的脚步，一起去探寻粒子加速器的奥秘吧！

## 用电子撬开微观世界的大门

　　18世纪末，人们困惑于原子激发出的阴极射线是一种波还是一种微粒，因为这个问题关乎原子内部是否有结构。如果说阴极射线是一

种微粒，那么就说明原子可以释放出比它本身更微小的物质，所以原子可能是由更微小的粒子构成的，原子也将不再是构成物质的最小单位。英国剑桥大学卡文迪许实验室的约瑟夫·约翰·汤姆逊在研究阴极射线的过程中发现，由于电场的作用，阴极射线发生了偏转，之后他通过带电粒子束弯曲的曲率计算出阴极射线粒子的质量与电荷的比值，并将其定义为一种粒子，命名为电子。

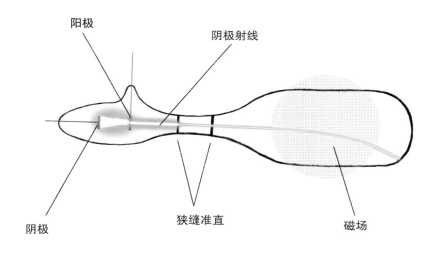

阴极射线管示意图（绘图／史金阳）

电子的发现可以说是微观粒子研究的开始，电子就像一把大自然交给人类用来打开微观世界奥秘的钥匙，而汤姆逊的发现，也打破了"原子是不可再分"的观点。从某种意义上来说，原子的发现解放了当时物理学家们的思想，大家开始认真地思考原子内部的问题：既然原子里有比它还小的核外电子，那么原子是不是有它内部的微观结构？带着这个问题，许多物理学家开始着手探索原子内部的故事。这场不知终点或者说不知道存不存在终点的探索开始了。

## 向着未知领域的冲锋

随着禁锢已久的思想得到解放，原子物理的研究效率大大提高。电子被发现几年后，考虑到原子本身不带电，既然电子带负电荷，那么原子的内部必然有携带正电荷的单位将负电荷抵消从而使其整体呈现中性。受限于当时的认知，人们并未能清楚了解原子的准确结构，汤姆逊提出了类似于枣糕的模型，带负电荷的电子就像红枣一样镶嵌在带正电荷的原子内部。

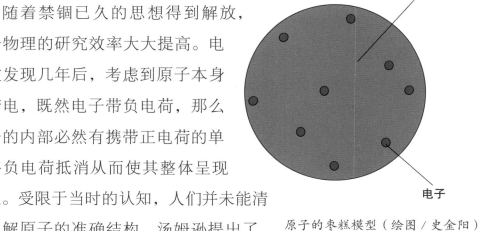

原子的枣糕模型（绘图／史金阳）

不过汤姆逊的这一模型还没来得及闻名世界，就被他的学生卢瑟福打破了。1909 年，英国物理学家欧内斯特·卢瑟福使用金箔作为目标靶，以天然放射源发出的 α（alpha）粒子作为炮弹轰击金箔（金箔相对于铝箔延展性更好，并且金的原子量比较大，相应的散射效果比较好），他设计这个实验的初衷是验证枣糕模型的正确性。由于电子质量极小，哪怕 α 粒子直接与电子发生碰撞也不会明显改变 α 粒子的方向，并且正电荷均匀分布，对进入其中的 α 粒子的电磁力作用也很小，所以他预期的是大多数的 α 粒子都可以径直地穿过原子，从而验证原子的内部只有像红枣一样的电子。

然而，戏剧性的试验结果导致了枣糕模型的崩塌，也带来了更偶然的伟大发现。在实验中，卢瑟福及其实验伙伴确实发现大多数 α 粒子直接穿透了金箔，但是也发现了极少数的 α 粒子发生大角度的偏折甚至反射回来，这一发现说明原子内部可能存在一个实体的核心。1911年，卢瑟福想到这样一个模型：原子核中间有一个小小的核心，外围的远方围绕着电子，入射的 α 粒子大概率直接穿越电子与核心之间的空隙，只有极少数的 α 粒子刚好运动到原子核附近时才能发生大角度的折射甚至反射。这样，模型就能与实验结果符合了。而这个模型一直沿用至今，被称作原子的核式模型。科学就是这样，只有在不断的试错中才能逐渐走向完善。

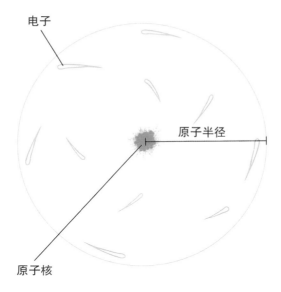

原子的核式模型（绘图／史金阳）

## 构成原子的三兄弟——电子、质子和中子

既然原子是可以继续再分的，那么原子核呢？原子核内部有没有结构？正如之前所说的，科学发展开始于对未知的好奇。1919 年，卢

瑟福使用 α 粒子轰击氮原子核。所谓的轰击，形象地来说就像是一群人手拉手待在一起，然后从远处跑来一个人突然冲入人群，把其中一个或者几个人撞了出去。

实验中，他发现有一种未知的粒子穿透了恰好能阻止 α 粒子透射的铝箔，并在铝箔后方的荧光屏上打出了亮点。他将这种粒子引入电场与磁场中，计算出了这种未知粒子的质量与电荷，发现这种未知粒子的质量与最轻的元素——氢元素的原子质量是一致的，并且这种粒子携带着正电荷。卢瑟福将这种新发现的粒子命名为质子。

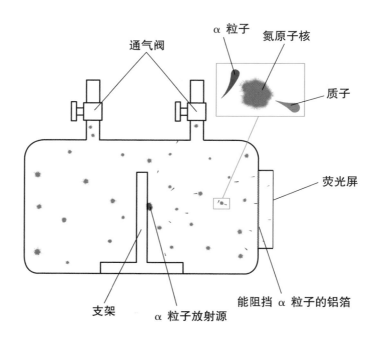

卢瑟福发现质子的实验装置图（绘图 / 史金阳）

轰击原子核示意图（绘图/史金阳）

这才是物理

加上之前发现的携带负电荷的电子，这两种粒子的电荷相反，那么中性的原子是不是由质子与电子直接组成的呢？在这样的情况下，卢瑟福认为应当是存在一种质子与电子的复合体，这种复合体内质子与电子紧密结合从而使得整体呈现电中性，遗憾的是，这种复合体在很长一段时间内都未被卢瑟福找到。但其实这种粒子已经存在于德国物理学家瓦尔特·博特的实验与居里夫妇的实验中了，只不过当时他们认为实验发现的不过是一种高能的光子，并未加以重视。后来，卢瑟福的学生、来自英国的查德威克看到了居里夫人的文章，他意识到那个粒子绝不可能是光子，随即与卢瑟福进行了讨论，查德威克认为这就是他们 10 年前就一直在寻找的那个中性粒子。**经过实验的验证，查德威克确认了这种中性粒子的存在，并将其命名为中子。至此，构成原子的三种粒子就全都被发现了：电子、质子、中子。**

居里夫人与查德威克（绘图／史金阳）

## 发展的必然——加速器

在电子、光子、质子、中子这些相对能量较低的粒子被发现之后，原子核物理学的发展也逐渐完善起来。理论物理学家们从公式中推导出了更多未发现的粒子以及一些粒子的反粒子，即一种与现有粒子电荷相反的粒子，比如带正电荷的电子以及带负电荷的质子等。但是验证这些粒子的存在变得十分困难，原本利用自然界中具有天然放射性的物质所产生的 α (alpha) 或者 β (beta) 射线的能量已经无法满足实验的条件。简单来说就是现在冲刺过来的那个人已经没有办法撞开紧紧抱在一起的人群了，所以无法再把单个的粒子从复合的体系中剥离出来。

既然如此，我们就需要寻找一些具有高能量的炮弹才行。科学家们开始寻找一些更高能的粒子作为实验中的炮弹。科学家们首先注意到宇宙中的射线具有比天然放射源更高的能量，借此发现了携带正电荷的电子，即正电子。科学家们意识到一个非常常见的规律，那就是离子（带电粒子的统称）在电场中会加速，在相同路径下，电场越强，离子获得的能量就越高，由此科学家们发明了直线加速器。更进一步，离子在磁场中会转弯，如果让带电粒子在电场中加速，然后导入磁场中，我们就可以通过控制电场与磁场的强弱来控制离子的能量与方向了。之后再让磁场将离子轨道弯曲成一个环形，那么离子将再次回到电场，重复被电场加速。根据这样的构想就有了最初的回旋加速器的设想。

利用自然界能量的轰击效果已经渐渐失效（绘图／史金阳）

随着科学的发展，加速器的需求基本分为两类，一类是核物理方面的，加速器是研究核物理的重要工具，在核武器、放射医疗、航空航天等领域有着至关重要的作用。而在检测领域，由于中子有良好的穿透性，常常被用于对一些大型精密器件的检测中，比如高铁的车轴、车轮以及一些卫星部件等。我国在这个领域建设的加速器有兰州重离子加速器（HIRFL）、广东惠州强流重离子加速器装置（HIAF）等。另一类是高能粒子领域的，加速器产生的离子束流在受控条件下发生对撞，从而将一些更微小的粒子撞碎，我们可以使用这些粒子的碎片还原出粒子原本的面貌，从而了解某种粒子的内部结构。另外，我们有可能从这些碎片中发现新的粒子，比如 $\tau$ 子、夸克、$W^{\pm}$ 与 $Z^0$ 玻色子，以及之前发现的希格斯玻色子，这些都是通过对撞方式获得的。

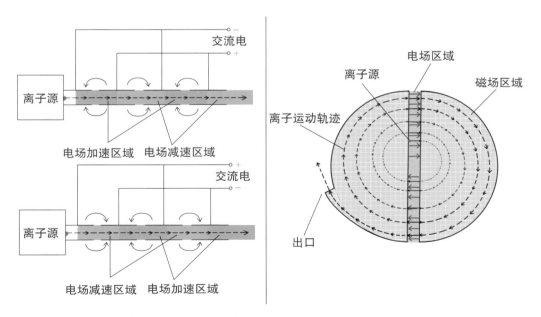

原始直线加速器结构图（左）与回旋加速器结构图（右）（绘图／史金阳）

## 🔩 知识链接

### 加速器竟然是下一代治癌神器？

加速器除了在科学研究领域被普遍应用，也被广泛应用于医疗与无损检测等领域。

在医疗领域，用重离子束治疗癌症具有治愈率高、疗程短、对患者的健康组织损伤小、适形照射剂量分布好、能实时监测等显著特点，因此又被誉为"治癌利器"，是当今国际公认的最尖端的放射治疗技术。2019 年，我国首台自主知识产权的重离子治癌装置已进入临床应用前的最后冲刺阶段，此装置采用了独特的"回旋注入器 + 同步加速器"技术路线，同步加速器周长从科学实验用的 161 米缩短至 56.2 米，是目前世界上医用重离子加速器中周长最小的同步加速器系统。而它的工作原理得益于重离子的能量沉积特性，通过加速器加速重离子，轰击癌细胞，从而达到治疗癌症的效果，是未来发展的主要方向之一。

为了满足进一步的科学实验要求，科学家们在原始加速器的基础上进行了改进，将原始加速器升级为更易控制、能量更高的加速器。杨振宁院士所讨论的环形正负电子对撞机（CEPC）就属于这一类加速器，它可以产生拥有巨大能量的离子束，从而有可能大量产生稀有的粒子，帮助人类进一步研究物质的本质，并完善现有的物理理论体系。我们相信，不管这一类加速器的研究结果如何，未来在粒子物理与原子核物理领域中，我国必定大有可为。

现代加速器（图片来源／中国科学院近代物理研究所）

# 超声波的奥秘：
# 无声无形却可探索世界

撰文 / 杨 剑　马 将

学科知识：

**超声波　赫兹　声呐**

　　在物理教科书中，我们学习了关于声音的知识，知道了声音是以波的形式传播的。你知道吗？这个世界上还有我们听不到的声音——超声波，虽然听不到，但它离我们的生活并不遥远。我们每天都可以听到来自周围的各种声音，可当声波的频率超过 20000 赫兹（Hz）后我们就无法听到，这种声波被称为超声波。超声波和我们日常听见的声音具有相同的本质属性，区别在于频率的高低不同。超声波传播时具有方向性强、能量易于集中、传播位移足够大等优点。有了这些优点，超声波在军事、医疗、工业制造、日常生活等方面都可以大展身手！

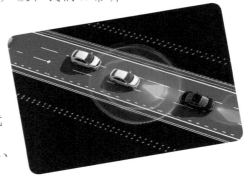

超声波雷达可以探测车距

## 自然界中的"超级音响"

　　既然我们听不见超声波，那超声波是如何被人类发现的呢？在苏教版《语文》六年级教科书中有这样一个有趣的故事：一位名叫拉扎

罗·斯帕拉捷的意大利科学家发现蝙蝠在黑夜里仍可以灵活地飞翔、捕食，于是对蝙蝠做了一系列实验：蒙住蝙蝠的眼睛、堵上蝙蝠的鼻子、在蝙蝠的身上涂抹油漆，但都未能影响蝙蝠的飞行能力。最后，当蝙蝠的耳朵被堵住时，蝙蝠再也无法潇洒自如地飞行，变得四处磕磕碰碰，很快就落在地上。斯帕拉捷这才明白，原来蝙蝠是靠声音"观察"环境，躲避障碍的。

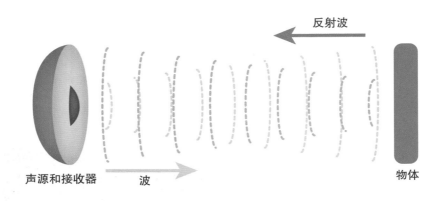

超声波定位示意图

蝙蝠利用超声波在夜间行动

## 蝙蝠利用超声波在夜间行动

通过继续深入研究，人们发现蝙蝠可以通过喉咙发出极高频率的超声波，超声波沿着一条直线迅速传播，遇到物体后就像手电筒的灯光照射到镜子上一样被反射回去。而它的耳朵可以接收

蝙蝠

到人耳无法接收到的超声波信号。蝙蝠就是依靠这种人类无法听到的超声波在黑夜中畅行无阻。

自然界中不止蝙蝠，还有其他的超声波高手。海豚就能够利用呼吸孔下面的气囊发出超声波，鱼群反馈回的超声波提供了捕食信息，同类发出的超声波可以用来交流，障碍物反馈回来的超声波则可用于探测周围的环境信息。此外还有不少动物能够发出超声波或者听到超声波，比如大象、水母等。超声波就像给这些动物赋予了神奇的特异功能。

科学家模仿自然界中的超声波现象，用超声波装备发出超声波信号，当信号遇到传播介质中的其他物体时，就会回来。接收并记录反馈回的超声波的时间间隔、方位，便可测出目标的方位和距离，科学家们就是依据这个原理设计出了声呐系统。

## "超声"科学先锋队

### 深海探测显神通

随着科学技术的日新月异,超声波技术距离人们的生活越来越近,使用范围也越来越广阔。在军事领域,潜艇模仿海豚,通过潜艇上的声呐系统发出的超声波,探测水下作战目标。超声波在液体中衰减极小,在伸手不见五指的深海中也可实现远距离监测,是迄今为止最有效的深海探测方式。另外,超声波还被应用于武器中,超声波武器发射的高频声波可以在一定程度上引起强气压,造成人体视物模糊、恶心等生理反应。

*潜艇通过发出超声波探测海洋*

新材料之星

　　而在科研领域有一种名叫非晶合金的新型材料。非晶合金在电阻焊接时易发生晶化、氧化。此时超声波焊接就体现出了它突出的优势。传统的电焊工艺需要依靠高温熔化来实现两个工件的结合，而使用超声波进行焊接时，只要保持一定的压力，利用超声波的连续振动使被焊接的上下工件产生摩擦、形变，从而使结合面处的温度上升。这种技术实现了不熔化的固体焊接，有效地避免了电阻焊接过程中产生的飞溅和氧化现象。

　　在一些高端智能手机中，非晶合金被用作屏幕旋转结构的鹰翼铰链，由此可见该材料的特殊之处。科研人员发现，利用超声波技术，可以实现非晶合金的室温制造与成型，完全突破了其传统制造与成型方法，引起了该领域科研人员的广泛关注。

超声波清洁工

　　超声波不仅有这么多"高大上"的用途，其实还是一位"上得厅堂，下得厨房"的清洁工！超声波清洗机的原理就是通过超声波使清洗水槽中的清洗液和其中的微气泡产生连续的机械振动，这些微气泡就像许多的小刷子一样来回冲击污垢，

超声波清洗机

使污垢杂质疲劳损坏、筋疲力尽松开了"手"，进而脱离清洗件表面。

超声波清洁效率可达到 98% 以上，是目前世界上公认的最有效的清洁方法。

## 医疗战线上的超声波身影

超声波焊接技术是 KN95 口罩自动化生产线的核心组成部分。KN95 口罩自动化生产线由无纺过滤布上料机构、鼻梁线超声波焊接机构、耳带超声波焊接机构和口罩折叠机构组成。以耳带焊接机构为例，它利用超声波传输的高频振动使口罩的耳带与无纺过滤布表面相互摩擦，产生局部高温，从而令无纺过滤布与耳带熔合。超声波停止之后，继续保持一定时间的压力，使连接处固化成型，这样焊接后的强度可以接近原材料的强度。除此之外，KN95 口罩上面的压痕、封边、鼻梁线的装配都是通过超声波焊接工艺来完成的。大家不妨拿一个口罩，摸摸衔接处，感受一下超声波焊接技术的实战成果吧。

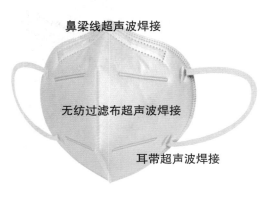

口罩生产中使用的超声波焊接技术

# 用声音监控来拯救雨林

文图 / 王治钧

## 学科知识：

**蒸发  液化  声音传感器  太阳能发电**

> 雨林是靠近赤道附近的森林生态系统，是无数动植物的家园，也被称为"地球之肺"。在赤道所经过的非洲、亚洲和南美洲都有大片的雨林，这是地球生物赖以生存的宝贵资源之一。

## 保护雨林刻不容缓

雨林对气候调节起到非常重要的作用。众所周知，陆地和海洋表面的水蒸发变成水蒸气，水蒸气上升到一定高度之后遇冷液化成小水滴。这些小水滴组成了云，它们在云里互相碰撞，合并成大水滴。当

通过声音监控可以保护雨林

这些"大水滴"重到空气托不住的时候，就从云中落了下来，形成了雨。在巴西，构成雨水的 70% 的水蒸气实际上来自于亚马孙雨林——它每天向大气蒸发 200 亿吨水，这比亚马孙河（世界上流量最大的河）每天排放到大海的水还要多。

雨林地带湿润的气候保障了植物的快速生长，并使其成为充满生机的生物生态区，地球上超过一半数量的动物和植物生活在其中，构建了一个生机勃勃又丰富多彩的世界。然而，在过去的百年里，热带、温带雨林却遭受了人类的大肆砍伐和破坏，曾经覆盖着 14% 地球土地表面积的雨林，现在只剩下 6%。不仅如此，全世界雨林覆盖区域面积仍然在不断萎缩，并且迅速消失。生活在其中的物种正面临失去栖息地的灭顶之灾，生物多样性遭到严重威胁。

非法砍伐对雨林造成了严重的破坏

非法砍伐是造成雨林消失的主要原因之一。盗砍盗伐破坏雨林，会对气候变化和野生动植物生存造成严重威胁，因此，如何遏制和打击盗伐者的非法行为，成为拯救热带雨林的大难题。

## 雨林斗士

美国工程师托弗·怀特作为保护动物志愿者，2011年夏季曾来到印度尼西亚婆罗洲岛的雨林。初入雨林深处，犀鸟的叫声、嘤嘤的蝉声、长臂猿的长啸声，都让他大开眼界，雨林生物繁杂的声音给他留下了深刻的印象。

为此，他收集了雨林的声音，并做了进一步分析。但就在他将不同种类的声音逐一区隔开来时，竟然无意中在背景音里听到了密林深处的电锯声，这实在是太令人震惊了。因为这个地方是长臂猿保护区，当地不仅花了大量精力来保护雨林，而且有三名全职护林员驻守在这片保护区的附近，又怎么会出现伐木者？

几天后，托弗再次来到这片雨林，在5分钟的步行路程中，他偶然遇见有人正在锯一棵树。这里虽然离护林站仅数百米远，可护林员们确实听不见电锯声，因为森林本身的各种声音此起彼伏，掩盖了电锯声。这看起来很不可思议，但它确实在茂密的雨林里发生了。

事实上，其他雨林也存在类似情况。为了保护雨林，人员有限的护林员经常穿梭在雨林中，他们需要克服很多自然环境带来的不便，耗费大量的时间与体力各处巡视，漫无目标地寻找盗伐者。但这种疲

于奔命的工作效果非常不理想，仅靠人力来寻找并阻止伐木行为，和盗砍盗伐打游击战，实在是防不胜防。

如何准确找到并制止非法砍伐？这是摆在各个雨林国家面前的实际问题。

有人曾想过利用卫星监控等高科技技术来解决这一问题。但事实上，当你身处发展中国家的雨林当中，你会发现操作简单、切实可行且易于大规模推广的方法才是行之有效的。

## 变废为宝

拥有物理学和工程学双学士的托弗·怀特从工程师角度多番思考这个问题：如果想低成本地建立一个阻止非法砍伐的系统，那首先要帮助护林员们知道森林里发生了什么事。

托弗发现这片雨林里拥有良好的手机信号，那是否可以利用手机设备去监听，用程序去分析森林里的声音，设备监听到电锯声后自动触发警报，通报给护林员准确的地址呢？说干就干。在托弗构想的系统中，当森林中的电锯声被听见的那一刻，这个装置就会撷取电锯声，透过现有的标准 GSM 手机网发出警示给当地的护林员，这样，护林员们就可以即时出现，阻止非法砍伐了。

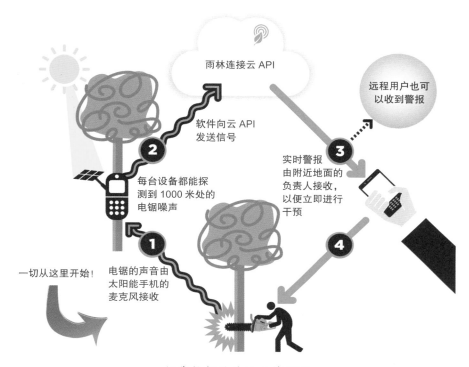

雨林连接云 API

远程用户也可
以收到警报

软件向云 API
发送信号

**2**

每台设备都能探
测到 1000 米处的
电锯噪声

实时警报
由附近地面的
负责人接收，
以便立即进行
干预

**3**

**1**

一切从这里开始！

电锯的声音由
太阳能手机的
麦克风接收

**4**

托弗构想的系统工作原理

不过，实施这个项目也存在一定的挑战：即如何在高温、高湿和
没有固定电源的环境下收集和传输声音数据？重新
设计一款设备肯定是昂贵的，于是他想到了
一个最便宜、最迅速的方法——旧手机。
如果树上的装置是旧手机的话，成本将
会变得相当低——因为手机中的声音传
感器不需要重新设计就可以直接拿来聆
听森林的声音。另外，每年全球都有几亿
部旧手机被丢弃，变废为宝才是旧手机
最佳的处置方式。

旧手机中的声音传感器被重新利用

托弗按照雨林湿热气候设计了一个手机保护盒，为了解决充电问题，他在家里设计了一个独特的太阳能充电面板（这也是工业生产过程中回收的剩料副产品），使该装置能够在树冠下通过太阳能发电，从而使所有装置能够持续使用，而不用频繁带回基地充电。

托弗·怀特及其制造设计的森林"报警器"

从远处看来，这个设备在树冠下相当不起眼，但它们却能接收到远至1千米处的电锯声，范围可覆盖约3平方千米。做完第一个测试版后，托弗把它带到印度尼西亚一个经常遭到盗砍盗伐的长臂猿保护区，安装后的第二天，这个设备就获取到非法砍伐的电锯声，并即时发出了第一封电子邮件。收到这封警示电邮，托弗立刻动身去阻止那些伐木者。他和同伴的到来让盗伐者们吃了一惊，毕竟他们之前从来没有被发现过。

挂在树上的设备

这次的成功实践使托弗确信这套简易系统是切实可行的，一旦通报时间缩短，就可以在伐木卡车进入林区附近或是锯木声响起时及时制止，从而大幅降低护林员巡逻的成本和风险。很快，这件事就在网络上传开了，来自世界各地的人通过电子邮件和打电话咨询，希望也能安装这套"报警器"。

和全球多个雨林管理机构沟通后，托弗确认了在很多深受盗伐者困扰的雨林周边地区其实是有手机信号的。更令人惊喜的是，世界各地的环境保护组织和一些有环保意识的人都愿意免费为托弗提供旧手机，以进行设备的改造。

## 平台和挑战

托弗认为他最初设计的版本其实并不是什么高科技解决方案，只是就地取材。通过用工程师思维来思考，他相信，即便是不使用手机，总会有足够的东西让人们建构相似的解决方案，并在新环境中发挥良好的作用。

为了持续改进这个设备，服务更多雨林，托弗成立了一个非营利政府组织——Rainforest Connection（RFCx）雨林保护组织。他大量回收旧手机，对已有的设备进行升级改造。与此同时，随着设备的增多，项目越来越复杂，RFCx也面临很多技术挑战，比如，如何在后端平台上安全有效地存储和管理这些庞大且不断增长的数据？如何对这些数据进行实时、快速的分析，并准确告知进行日志记录的位置……面对如此庞大的数据管理与算法优化，必须采用系统性的技术支持来提升创新方案，但这明显超出了这个非政府组织的能力，于是一些科技企业也开始参与其中。

RFCx开发了一套以华为手机设备为核心的太阳能式雨林监听系

统，名为"守卫者（Guardian）"。这些守卫者散布在雨林各地，能够在高温高湿、烈日暴雨等极端环境下保持24小时不间断通话，从而监听热带雨林中密集而繁复的声音，并将数据实时传递到搭载了人工智能系统的云端服务器中。一旦监测系统发现盗伐异响，比如电锯或卡车声，便会第一时间将具体盗伐定位推送给当地的护林员，帮助他们快速进行搜查。此外，RFCx也正和华为展开一系列密切合作，开发包括采集设备、存储服务、智能分析的创新平台，利用系统的人工智能技术帮助读懂动物的声音，从而为濒危动物提供援助。

升级改造后的守卫者

## 人工智能带来的新提升

现如今，RFCx正在使用越来越好的技术来帮助护林员保护雨林。对于RFCx已经收集多年的录音数据，华为帮助调整这些数据中的电锯监测模型精度，比如在初期版本中，根据雨林组织的反馈，蚊子的声音经常被误报成电锯声，人耳也很难分辨出这两种声音。对这类误报数据，RFCx 开始利用蚊子声音数据对模型进行重新训练。经过反复测试与提炼，最新的模型应用可以探测到 96% 的电锯事件。随着模型的不断改善与优化，发生错误警报的情况也越来越少。

有了 AI 科技的助力，采用相同技术可以更快分辨电锯、鸟类和其他动物的声音，对声音的研究是一种新的科学工具。生物学家和生态学家在很多场合都可以利用这套系统，无论是在人迹罕至的雨林，还是伦敦的公园，甚至托弗披露有一些请求是希望将设备用于监听城市里的枪声，或者用于追踪非法渔船。

此外，在哥斯达黎加雨林项目里，除了盗伐行为，蜘蛛猴等濒危物种成为另外的研究对象。华为与 RFCx 构建了蜘蛛猴语言智能分析模型，通过 AI 技术来识别它们的叫声并实时发送精准定位。

哥斯达黎加雨林中的蜘蛛猴

为了更好地保护雨林，我们采取了各种切实可行的措施和技术，但这还远远不够，还需要政府、企业和民众等多方的关注和参与。保护地球，人人有责！

# X 射线：开启现代生物学的钥匙

撰文/叶　盛

**学科知识：**

**射线　衍射　布拉格方程**

　　说起 X 射线，人们首先会想到它是一种穿透力很强的隐形射线，能够照穿人体，留下骨骼和其他高密度组织的影像，成为医疗辅助检查的重要工具。其实 X 射线在诸多科研和技术领域都有着重要的应用，比如机场和地铁站的行李安检仪、建筑和工业构件用的探伤仪，都是利用了 X 射线的穿透力；而材料科学领域则利用强大的 X 射线来照射新型材料，获取其内部结构信息；古生物研究可以利用 X 射线获得化石的内部结构；宇宙中远道而来的 X 射线则能为我们带来黑洞等神秘天体的信息。X 射线给了人类一双孙悟空的"火眼金睛"，可以探查自然界的许多秘密。

X 射线医疗设备

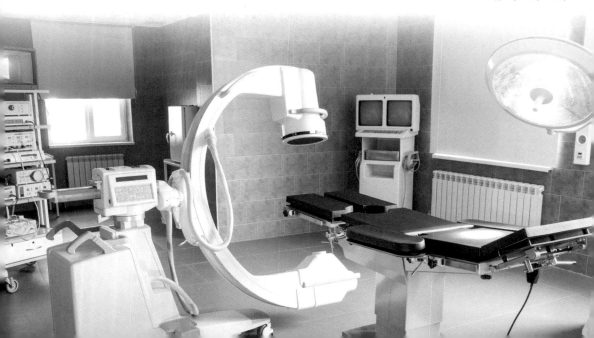

## X 射线衍射：当物理遇见生物

科技的发展，常常会带来意想不到的惊喜。可以说，如果没有 X 射线的帮助，就没有现代生物学的发展，人类的医药健康水平也要倒退几十年。X 射线究竟是如何发挥如此重要的作用呢？这种缺它不可的关键技术就是 X 射线衍射。

1895 年，德国物理学家伦琴发现了 X 射线，从此，这种性质未知的神秘射线便成了科学界的新宠儿，吸引了众多科学家投身这方面的研究。其中就包括英国物理学家威廉·亨利·布拉格和他的儿子威廉·劳伦斯·布拉格。1912 年，刚刚上研究生一年级的小布拉格深入研究了 X 射线照射晶体的衍射现象，提出了描述该过程的布拉格方程。1915 年，年仅 25 岁的小布拉格和他的父亲由于在 X 射线衍射理论方面的贡献分享了当年的诺贝尔物理学奖，成为诺贝尔奖历史上绝无仅有的父子档。

1905 年布拉格一家的合影（左一为小布拉格，左四为老布拉格）

1938 年，小布拉格被提名为剑桥大学"卡文迪许教授"，负责管理在物理学领域赫赫有名的卡文迪许实验室。第二次世界大战之后，英国在基础科学研究方面推行国家实验室模式，分流了大量的经费和人员。小布拉格决定在卡文迪许实验室开展更多其他学科与物理学的交叉科学研究，其中就包括生命科学。就这样，X 射线衍射技术终于与生命科学走到了一起。X 射线在生命科学研究中功不可没。

在小布拉格的领导下，卡文迪许实验室由奥地利裔英籍分子生物学家马克斯·佩鲁茨在 1947 年成立了分子生物学分部，开展了蛋白质 X 射线晶体学的研究。经过不懈努力，解决了众多技术难题之后，英国分子生物学家约翰·肯德鲁于 1958 年解析得到了肌红蛋白的三维结构，蛋白结构拥有了一张珍贵的"照片"。佩鲁茨于次年解析得到了血红蛋白的三维结构。两人因此分享了 1962 年的诺贝尔化学奖。

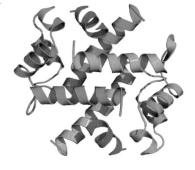

蛋白质结构图

如今，全球蛋白质数据库 (Protein Data Bank) 中已经存入了超过 22 万套蛋白质结构数据，并且这一数字仍旧在快速增长。得益于这些蛋白质结构信息，我们才切切实实地"看"到了蛋白质长什么样子，从而可以在分子乃至原子的水平上分析蛋白质的作用机制，理解生命这台自动化机器的运作原理。更重要的是，了解了疾病相关蛋白质的结构，就可以根据结构进行有针对性的药物分子设计，让药物与蛋白质具有更强的相互作用，从而获得最佳的药效。这一方法不同于之前几十年误打误撞式的药物研发，被称为基于结构的理性药物设计。这更有利于"对症下药"，精准治疗。

## DNA 双螺旋结构模型：奠定分子遗传学基础

由小布拉格领导的卡文迪许实验室还诞生了另一项对于生命科学有着重大意义的发现，那就是 DNA 双螺旋结构模型的建立。这项工作与 X 射线衍射也有着不可忽视的联系。1951 年夏天，来自美国的詹姆斯·沃森作为博士后加入了肯德鲁的研究组，并与组里的博士研究生、英国人弗朗西斯·克里克一起开始了 DNA 结构的研究。1953 年，他们从伦敦国王学院 X 射线晶体学家罗莎琳·富兰克林对于 DNA 所拍摄的 X 射线衍射照片中得到启示，想到了 DNA 可能是双螺旋结构，并依据 X 射线衍射提供的螺距等关键数值，结合化学研究提供的一些信息，最终构建出了 DNA 的双螺旋结构模型。

DNA 的双螺旋结构揭示了基因复制遗传的物质本质，让人类对于 DNA 和基因的认识精准到了原子层次，为后来的分子克隆等一系列分子遗传学操作奠定了物质基础。今天，基因工程操作在任何一个生物学实验室中都是习以为常的事情，成为现代生命科学研究的基础；在基因测序方面，人类基因组测序完成之后，越来越多的生

DNA 双螺旋结构模型

物完成了全基因组测序；与此同时，单人基因组测序的成本也大大降低，开启了精准医疗的新时代。如果没有 X 射线衍射为 DNA 结构的发现提供的帮助，那么这一切都将是不可能的。

实际上，X 射线衍射技术对于生命科学的帮助恰恰是一个缩影，体现了近百年来生命科学发展的一个趋势：要回答一个生命科学问题，往往要追根溯源，最终到达分子和原子的层次。而在这个逐渐走向微观的过程中，唯有通过物理学的帮助才能达到目标。这是现代生命科学与物理学之间解不开的羁绊，更是奇妙的缘分。

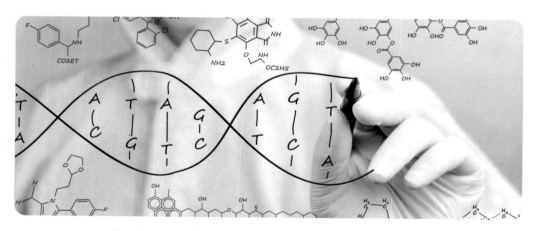

单人基因组测序成本大大降低，开启精准医疗的新时代

# 你还在"谈辐色变"吗

撰文 / 沈庆飞

## 学科知识：

**辐射  电磁波  功率**

我们常能看见高高耸立的通信基站，这些基站通过无线信号保证了我们的手机和其他移动设备能够正常使用网络，为我们传输数据、传递消息，将千里之外的关心与爱护送到我们身边。然而，谈到基站，很多人第一反应却

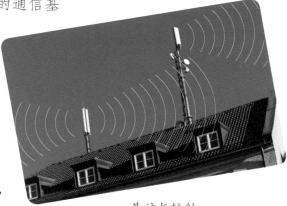

基站与辐射

是辐射。而随着5G时代的到来，更大密度的基站建设必将成为事实。这时，你是否担心辐射增强会对我们的健康造成更大伤害呢？

## 辐射无处不在

在"谈辐色变"前，还是先弄清什么是辐射吧。辐射是指能量以粒子（如 α 粒子、β 粒子）或者电磁波的形式向外扩散的现象。自然界中的一切物体，只要温度在绝对零度（-273.15℃）以上，都会产生辐射。

辐射无处不在。穿越星系而来的宇宙射线、阳光中的紫外线，甚至我们呼吸的空气里都含有少量的放射性元素，就连人类自身也无时无刻不在产生着辐射。在日常生活中，我们常见的很多设备依赖电磁辐射才能工作，比如医院的X光机、手机、无线路由器、通信基站、微波炉等。当然，还有很多设备不靠

辐射无处不在

电磁辐射工作，但其工作中会发射电磁波，比如电吹风机、电烤箱等家用电器。只要用到了电，电会生磁，磁会生电，就会产生电磁辐射。举个例子，当你和我站在一起，你在向我辐射，我在向你辐射，周围的桌椅板凳、锅碗瓢盆也同时在向我们辐射。

所以，辐射并不可怕，也无法逃避，只要人体受到的辐射量不超过一定标准，就无须担心。

## 5G 基站越多，辐射越小吗

从 2G 到 5G，每一代移动通信技术都经历着网速的变革。谈到网速，我们就不得不谈到一样东西——基站。

5G 时代，通信使用的频率比 2G/3G/4G 更高，频率越高导致能量衰减更快，因此 5G 的基站密度更大。那些你以为是椰子树、空调外机、井盖、建筑墙体甚至是路灯的物体，有可能就是 5G 基站伪装的。

我们生活在这种环境下，岂不是辐射更强了？事实恰恰相反，基站越多，辐射越小！原来，相对来说，基站越密集，基站的发射功率就越小；离基站越近，手机的发射功率越低，电磁辐射也就越低。这就好比在一个特定环境里，两个人在一起近距离说话，不用费力气大声喊就能听得很清晰。

我国国家标准《电磁环境控制限值》（GB 8702—2014）中对于2~4.9GHz 频率范围内的限值为 40~65.3 微瓦 / 平方厘米，这远远低于国际非电离辐射防护委员会推荐的 1000 微瓦 / 平方厘米限值标准。40 微瓦 / 平方厘米到底有多大呢？我们拿太阳光来对比一下。根据太阳的辐射总功率以及地球到太阳的距离，再考虑地球的半径，物理学家已经算出，地球上太阳光的辐射功率面密度大约是 1000 瓦特 / 平方米，也就是 10 万微瓦 / 平方厘米。也就是说，我国标准中基站辐射的强度，是太阳光照射强度的 1/2500。因此，大可不必担心 5G 基站数量多而产生的辐射增大，以及由此对人体造成更大的伤害。

辐射警告标志

## 手机辐射防不胜防

与其光想着基站有辐射，不如去关注天天拿在手里的手机。虽然手机发射电磁辐射的功率只有基站的几十甚至百分之一，但是由于电磁辐射的功率与距离平方呈反比，基站与人体的距离是以几十米计的，而手

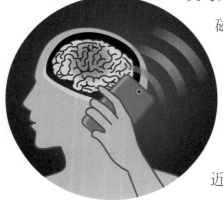

机与人体却是亲密接触，因此有可能手机带来电磁辐射的风险更大。一个通信基站附近，手机距离基站的距离越近，需要的发射功率就越低，因为手机与基站之间的智能控制机制，会动态调整相互之间的通话信道、电磁辐射功率。就像两个人玩投球，距离越近时，双方只用更小的"力量"，就能把球投给对方。此时，就需要建设更多的、密度更大的基站，才能降低基站和手机的电磁辐射。

手机带来的电磁辐射可能风险更大

基站越多，辐射越小

对普通民众来说，最主要、最有效的避免电磁辐射的方法，就是增加与发射源的距离，比如避免在基站天线发射电磁波方向近距离长期居留。当使用手机长时间通话时，可以采取免提方式，或者戴耳机（包括蓝牙耳机）来避免手机紧贴头部通话，这样受到的辐射可能就会下降到原来的几十分之一。5G时代，手机的主要功能已经不再是通话，

检查辐射

而是让我们时刻在线，可以随时随地获取信息。手机不在通话状态时已经不是传统意义上的"待机状态"，而是时刻在连接数据网络。

手机就像我们的千里眼、顺风耳，它不再是一件电子设备，而是我们的"身体器官"。相对而言，我们并不需要对电磁辐射过度担忧。

长时间通话时最好使用耳机

### 手机离不开基站

无线通信发射的电磁波随着通信距离的增大，能量逐渐衰减。因此，手机发射的信号在一定距离之后就接收不到，而需要通过基站进行通信中继。这时，手机只能和附近的基站进行通信，再由基站通过光纤等方式和交换中心以及其他基站进行通信才能保持信号延续，保证手机的正常使用。因此，手机离不开基站。